お豆なんでも図鑑

監修：石谷孝佑

JN262027

はじめに

豆は、わたしたち日本人と深《ふか》いつながりがある食べものです。日本では数千年前から大豆《だいず》やあずきなどが栽培《さいばい》されていて、お米といっしょに豆が食べられてきました。やがて、いんげん豆やえんどう、落花生《らっかせい》なども日本に入ってきて、今ではさまざまな豆が日本で食べられています。

豆は種類《しゅるい》がとても多く、それぞれ色や形、味《あじ》がことなり、食べ方《かた》もさまざまです。多くの豆は熟《じゅく》してかたくなってから食べますが、枝豆《えだまめ》やそら豆などのように熟《じゅく》す前の豆を食べるもの、さやいんげんやさやえんどうなどのように熟《じゅく》す前の若《わか》ざやを食べるもの、豆もやしや豆苗《とうみょう》のように若《わか》い芽《め》や茎《くき》を食べるものもあります。また、豆にはさまざまな加工食品《かこうしょくひん》もあります。とくに大豆《だいず》には、とうふやなっとう、みそやしょうゆなど、加工食品《かこうしょくひん》の種類《しゅるい》が多く、そのどれもがわたしたちの食生活にかかせないものになっています。大豆《だいず》は「畑《はたけ》の肉」とよばれるほどタンパク質《しつ》が豊富《ほうふ》で、お米を主食《しゅしょく》とする日本人にとって、かけがえのない栄養源《えいようげん》にもなってきました。

豆は日本人の行事《ぎょうじ》や文化《ぶんか》にも深《ふか》くかかわっています。節分《せつぶん》では豆をまいて悪《わる》いものをおいはらい、春分《しゅんぶん》や秋分《しゅうぶん》にはあずきからつくるあんを使《つか》ったおはぎを食べます。また、おいわいのときにはあずきやささげを使《つか》った赤飯《せきはん》や、あんを使《つか》った和菓《わが》子《し》を食べます。これらの習慣《しゅうかん》は日本人の生活にしっかりと根《ね》づいており、豆が昔《むかし》からたいせつな食べものであったことがよくわかります。

豆は日本だけではなく世界中《せかいじゅう》で食べられています。なかには、日本ではあまり見ることのない豆もたくさんあります。この本では、さまざまな種類《しゅるい》の豆を紹介《しょうかい》し、その特徴《とくちょう》や食べ方《かた》、歴史《れきし》などを紹介《しょうかい》しています。この本を読《よ》んで、みなさんが、わたしたちの生活と密接《みっせつ》なかかわりをもつ豆に興味《きょうみ》をもち、食文化《しょくぶんか》への理解《りかい》を深《ふか》めていただければ幸《さいわ》いです。

日本食品包装協会理事長《にほんしょくひんほうそうきょうかいりじちょう》　石谷孝佑《いしたにたかすけ》

お豆なんでも図鑑 もくじ

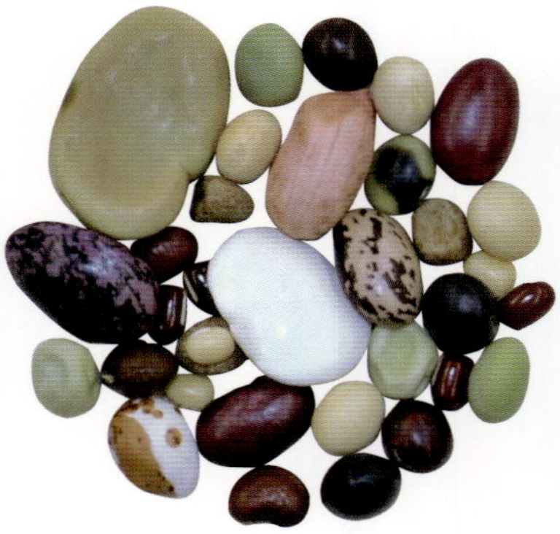

1章　豆ってなんだろう？

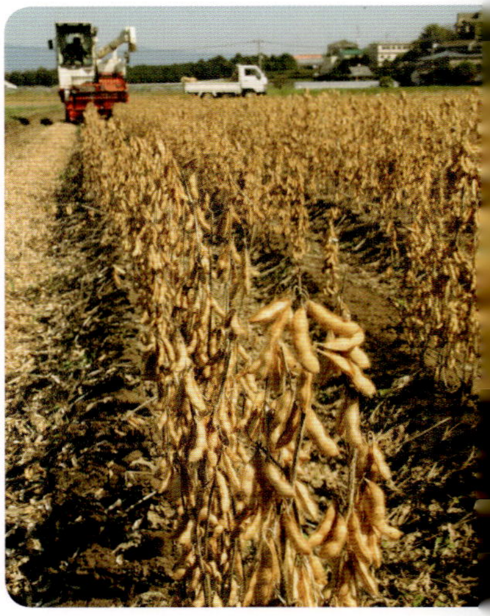

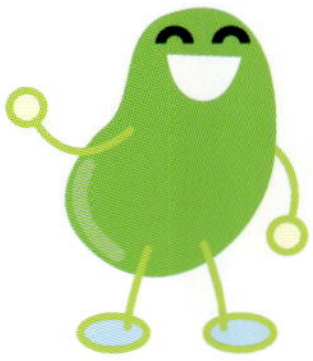

2章　大豆《だいず》

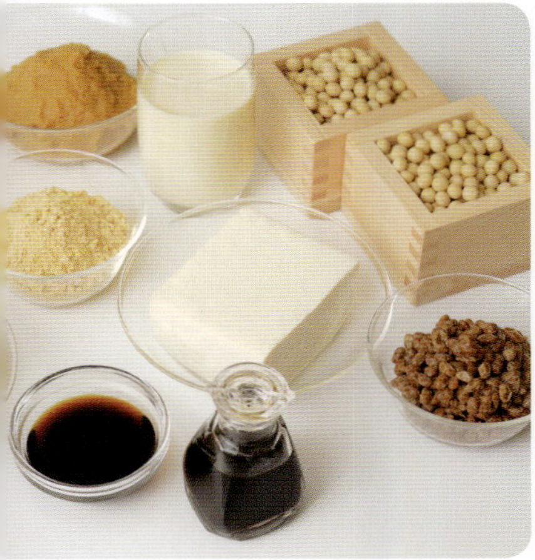

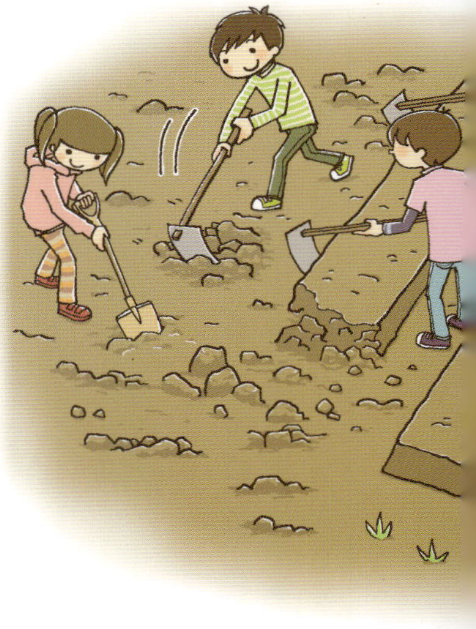

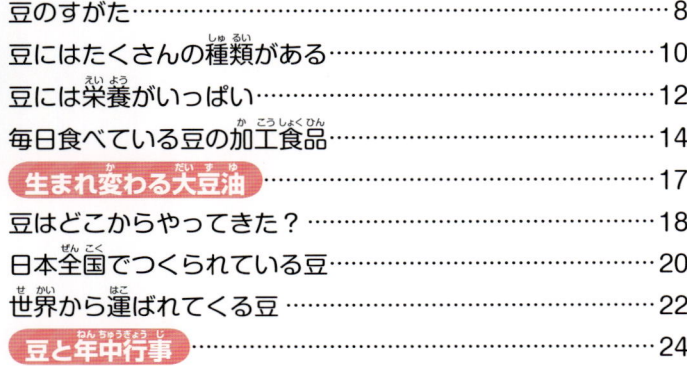

3章　いろいろな豆

この本の使《つか》い方《かた》

この本では、豆の種類《しゅるい》やその特徴《とくちょう》、豆の栽培《さいばい》の方法《ほうほう》、豆を使《つか》った料理《りょうり》や加工食品《かこうしょくひん》などについて紹介《しょうかい》しています。

- 豆に関《かん》する言葉《ことば》の意味《いみ》や、具体的《ぐたいてき》なことがらを調《しら》べたいときは、本の最後《さいご》にある「さくいん」を引いてみましょう。さくいんは、五十音順《ごじゅうおんじゅん》にならんでいます。
- 本の中で、（→○○ページ）と書かれていることがらについては、そのページを見ると、よりくわしく知ることができます。
- この本に掲載《けいさい》されている植物《しょくぶつ》の育《そだ》て方《かた》や料理《りょうり》の方法《ほうほう》などは、一般的《いっぱんてき》なものです。地域《ちいき》や気候《きこう》、品種《ひんしゅ》などによって、ことなる場合があります。
- グラフや統計《とうけい》には、そのデータのもととなった資料《しりょう》の出典《しゅってん》と年次《ねんじ》を記載《きさい》してあります。同じテーマの統計《とうけい》でも、出典《しゅってん》がちがうと数値《すうち》がことなる場合があります。
- グラフや統計《とうけい》は、わかりやすくするために数値《すうち》を四捨《ししゃ》五入《ごにゅう》したり、項目《こうもく》を省略《しょうりゃく》している場合があります。
- この本の中で記載《きさい》されている内容《ないよう》は、2013年2月現在《げんざい》のものです。

1章

豆ってなんだろう？

　豆はどのようにしてできるのでしょうか？　豆にはどんな種《しゅ》類《るい》があるのでしょうか？　豆はどこからわたしたちのところにやってきたのでしょうか？　あまり知られていない豆のひみつについて、学んでいきましょう。

豆のすがた

**豆には、大豆《だいず》やあずき、いんげん豆など、たくさんの種類《しゅるい》があります。
これらの豆は、すべて植物《しょくぶつ》のマメのなかまの種《たね》なのです。**

豆はさやの中で育《そだ》つ

マメのなかまの種《たね》は、「さや」という部分《ぶぶん》の中にできます。さやの中で種《たね》は成長《せいちょう》し、熟《じゅく》してかたくなります。わたしたちは、その種《たね》を「豆」として食べています。

豆には、熟《じゅく》してから食べるもののほかに、枝《えだ》豆《まめ》やそら豆のように熟《じゅく》す前に収穫《しゅうかく》して食べるものがあります。また、さやいんげんやさやえんどうのように、さやごと食べるものもあります。

豆ができるまで（大豆《だいず》）

マメのなかまの植物《しょくぶつ》の花が咲《さ》きおわるとさやがつくられ、その中に種《たね》である豆ができます。

大豆《だいず》の株《かぶ》・花

畑《はたけ》に植《う》えられた大豆《だいず》は、成長《せいちょう》してたくさんの葉《は》をつけ、花を咲《さ》かせる。

大豆《だいず》の若《わか》ざや（熟《じゅく》す前）

花の根《ね》もとの部分《ぶぶん》がふくらんで、さやができる。さやの中では、種《たね》が育《そだ》っていく。

枝豆《えだまめ》

さやの中の種《たね》が豆として食べられる大きさに育《そだ》ったら、収穫《しゅうかく》する。中の豆は、あざやかな緑色《みどりいろ》。

大豆《だいず》のさや（熟《じゅく》した後）

種《たね》が熟《じゅく》していくとともに、さやも茶色くなり、かたくなっていく。

種《たね》を守《まも》るさや

種《たね》をおおうさやは、マメのなかまの植物《しょくぶつ》に特有《とくゆう》のものです。さやと種《たね》は、へその緒《お》のような管《くだ》でつながっていて、根《ね》や葉《は》からさやを通じて、種《たね》に養分《ようぶん》が送《おく》られます。ほかにも、さやには、虫や鳥に食べられないように、種《たね》を守《まも》る役割《やくわり》があります。

◀スナップえんどうのさやの中。さやと種《たね》がつながっている。

▶そら豆のさやの中。種《たね》を守《まも》るために、綿毛《わたげ》がつまっている。

大豆《だいず》の種《たね》（豆）

完全《かんぜん》に熟《じゅく》すとさやがひらき、白みがかった黄色の種《たね》があらわれる。

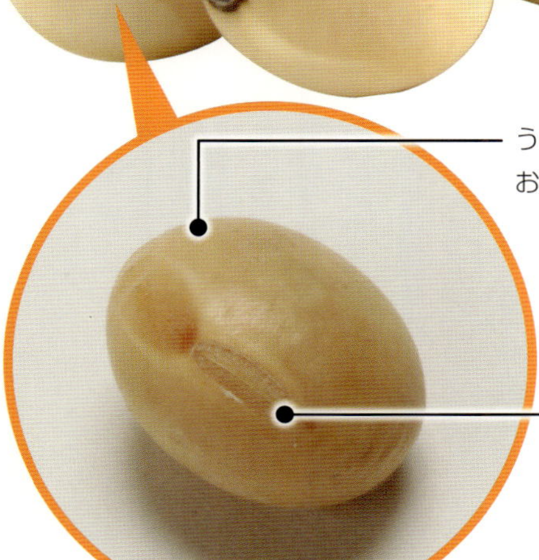

うすくかたい皮《かわ》におおわれている。

さやとつながっていた管《くだ》がとれたあと。

大豆《だいず》

収穫《しゅうかく》した豆は、2週間ほど乾燥《かんそう》させる。中の水分がほとんどなくなり、見なれた豆のすがたになる。

豆にはたくさんの種類《しゅるい》がある

世界《せかい》で食べられている豆の種類《しゅるい》は、70種類《しゅるい》ほどだといわれています。
日本ではおもに8種類《しゅるい》の豆が育《そだ》てられています。

日本で育《そだ》てられている豆

食用にされている豆のうち、日本ではおもに8種類《しゅるい》（大豆《だいず》、あずき、ささげ、いんげん豆、べにばないんげん、えんどう、そら豆、落花生《らっかせい》）が育《そだ》てられています。このうち、あずきとささげ、いんげん豆とべにばないんげんは、それぞれ植物《しょくぶつ》として近い種類《しゅるい》なので、見た目や特徴《とくちょう》が似《に》ています。

豆の特徴《とくちょう》と実物《じつぶつ》の大きさ

日本で育《そだ》てられている8種類《しゅるい》のおもな豆の特徴《とくちょう》です。写真《しゃしん》はほぼ実物《じつぶつ》の大きさを表《あらわ》していますが、豆の品種《ひんしゅ》によって大きさはことなります。

※写真《しゃしん》は熟《じゅく》した豆を乾燥《かんそう》させたもの。

大豆《だいず》

白みがかった黄色の大豆《だいず》のほかに、緑色《みどりいろ》や黒色、もよう入りの大豆《だいず》もある。熟《じゅく》す前の豆（枝豆《えだまめ》）も食べられている。

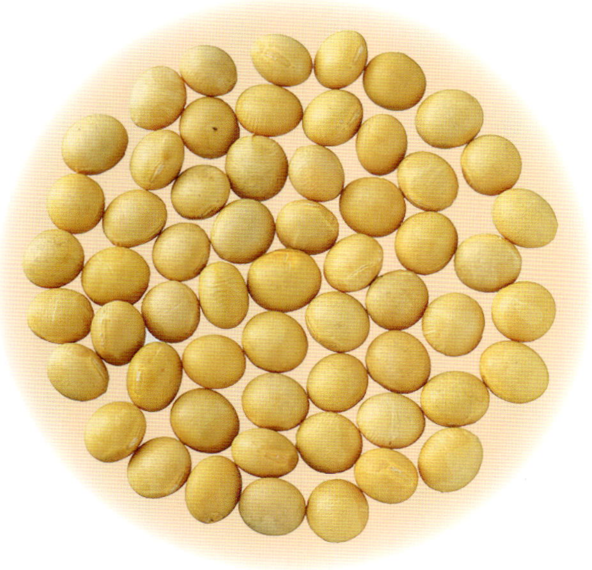

あずき

赤茶色の小つぶの豆。ささげとくらべると、皮《かわ》に張《は》りがある。

ささげ

あずきに近い種類《しゅるい》の豆で、皮《かわ》にしわがあり、やや角ばった形をしている。熟《じゅく》す前の若《わか》ざやを食べるものもある。

いんげん豆

大きめの豆で、品種《ひんしゅ》が多く、色やもようはさまざま。熟《じゅく》す前の若《わか》ざや（さやいんげん）も食べられている。

べにばないんげん

いんげん豆に近い種類《しゅるい》で、白い豆やもよう入りの紫色《むらさきいろ》の豆がある。

えんどう

黄緑色《きみどりいろ》と赤茶色の豆がある。熟《じゅく》す前の豆（グリーンピース）、若《わか》ざや（さやえんどう）、若《わか》い芽《め》（豆苗《とうみょう》）も食べられている。

そら豆

大つぶの豆で、熟《じゅく》すと緑色《みどりいろ》がかった茶色になる。熟《じゅく》す前の緑色《みどりいろ》の豆のほうが、よく食べられている。

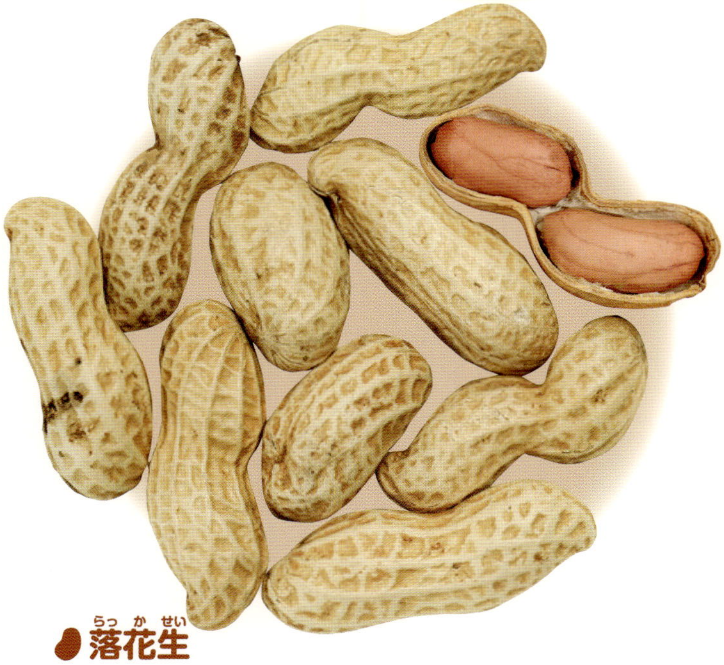

落花生《らっかせい》

土の中で大きくなるので、かたいさやにおおわれている。茶色のうす皮《かわ》の中の豆は、黄色がかった白色。

世界《せかい》で食べられている豆

世界《せかい》の国ぐにでは、日本の豆とはちがう種類《しゅるい》の豆も食べられています。近年は、それらの豆がたくさん輸入《ゆにゅう》されるようになり、ひよこ豆やレンズ豆、木豆《きまめ》などを目にする機会《きかい》が多くなっています。世界《せかい》の豆については、148ページでくわしく紹介《しょうかい》しています。

ひよこ豆

レンズ豆

木豆《きまめ》

豆には栄養《えいよう》がいっぱい

豆が健康《けんこう》によいといわれるのは、さまざまな栄養《えいよう》がつまっているからです。
どの栄養《えいよう》も、わたしたちが健康的《けんこうてき》に生きていくために必要《ひつよう》なものばかりです。

豆の栄養《えいよう》はどんなもの？

豆には、タンパク質《しつ》、炭水化物《たんすいかぶつ》（デンプン）、脂質《ししつ》（油分《ゆぶん》）、ビタミン、ミネラルなどの栄養《えいよう》がふくまれています。ほとんどの豆に多くふくまれているのがタンパク質《しつ》で、人間の血《ち》や肉、骨《ほね》のもととなる重要《じゅうよう》な栄養《えいよう》です。炭水化物《たんすいかぶつ》と脂質《ししつ》は、どちらもからだを動《うご》かすエネルギーになる栄養《えいよう》です。ビタミン類《るい》とミネラル類《るい》にはからだの調子《ちょうし》をととのえるはたらきがあり、豆ごとにそのバランスがことなります。また、豆はおなかの調子《ちょうし》をととのえる食物《しょくもつ》せんいも豊富《ほうふ》です。

大豆《だいず》は畑《はたけ》の肉!!

大豆《だいず》は、ほかの食べものとくらべてもタンパク質《しつ》がとくに多く、同じようにタンパク質《しつ》が多い肉類《にくるい》にたとえられて、「畑《はたけ》の肉」とよばれている。

豆の栄養《えいよう》をくらべてみよう

豆の栄養《えいよう》やそのバランスにどんな特徴《とくちょう》があるのか、ほかの食べものとくらべてみましょう。

タンパク質《しつ》の多い豆

豆は、基本的《きほんてき》にタンパク質《しつ》が多い。とくに大豆《だいず》とそら豆は、タンパク質《しつ》を豊富《ほうふ》にふくんでいる。

タンパク質《しつ》の量《りょう》を牛肉とくらべると

肉類《にくるい》の中でタンパク質《しつ》が多い

牛ロース肉（和牛《わぎゅう》、かた）

100g中
13.8g

大豆《だいず》
2.5倍《ばい》以上《いじょう》!

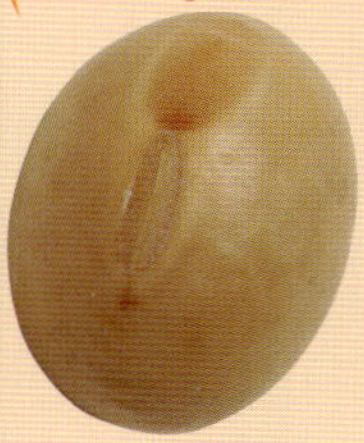

100g中
35.3g

そら豆
1.8倍《ばい》以上《いじょう》!

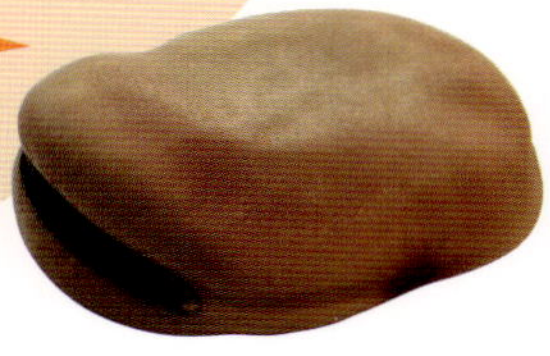

100g中
26.0g

炭水化物《たんすいかぶつ》の多い豆

炭水化物《たんすいかぶつ》が多い豆に、べにばないんげん、えんどう、あずき、いんげん豆、そら豆、ささげなどがある。これらは、脂質《ししつ》がほとんどふくまれていない。

野菜類《やさいるい》の中で炭水化物《たんすいかぶつ》が多い

かぼちゃ
(西洋《せいよう》かぼちゃ)

100g中
20.6g

炭水化物《たんすいかぶつ》の量《りょう》をかぼちゃとくらべると

べにばないんげん
2.9倍《ばい》以上《いじょう》!

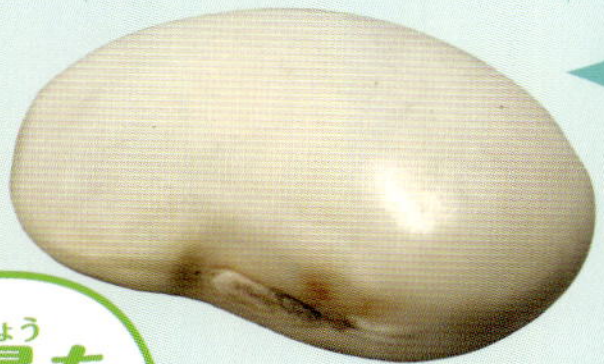

100g中
61.2g

えんどう
2.9倍《ばい》以上《いじょう》!

100g中
60.4g

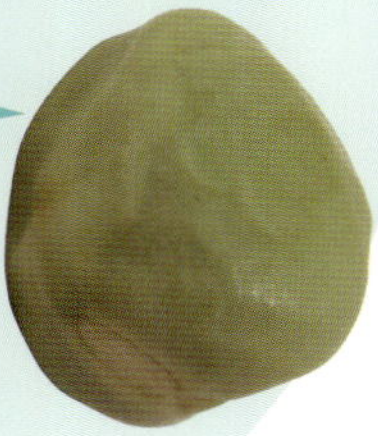

〈炭水化物《たんすいかぶつ》が多いほかの豆〉

100g中
58.7g

あずき

100g中
55.0g

ささげ

100g中
57.8g

いんげん豆

100g中
55.9g

そら豆

脂質《ししつ》の多い豆

脂質《ししつ》が多い豆には、大豆《だいず》と落花生《らっかせい》がある。これらは、ほかの豆とくらべて炭水化物《たんすいかぶつ》が少ない。

穀類《こくるい》の中で脂質《ししつ》が多い

とうもろこし
(乾燥《かんそう》)

100g中
5.0g

脂質《ししつ》の量《りょう》をとうもろこしとくらべると

落花生《らっかせい》
9.5倍《ばい》!

100g中
47.5g

大豆《だいず》
3.8倍《ばい》!

100g中
19.0g

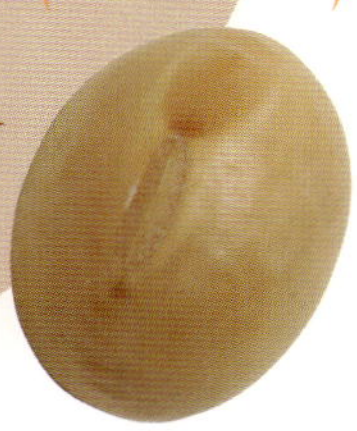

※「日本食品標準成分表2010」(文部科学省)より　※すべて乾燥した豆の場合

毎日食べている豆の加工食品《か こう しょく ひん》

食べものを加工《か こう》してつくる食品《しょく ひん》を加工食品《か こう しょく ひん》といいます。
豆の加工食品《か こう しょく ひん》にどんなものがあるか、見てみましょう。

すがたを変《か》える豆

わたしたちが毎日食べている料理《りょう り》には、みそやしょうゆなどの調味料《ちょう み りょう》、とうふやなっとうなどの食品《しょく ひん》が使《つか》われています。これらはすべて、豆を原《げん》料《りょう》にしてつくられた加工食品《か こう しょく ひん》です。気づいていないかもしれませんが、わたしたちは毎日のようにすがたを変《か》えた豆を食べているのです。

大豆《だい ず》の加工食品《か こう しょく ひん》

豆乳《とう にゅう》 →54ページ

おから →56ページ

ゆば →57ページ

なっとう →68ページ

みそ →74ページ

しょうゆ →78ページ

とうふ →58ページ

油《あぶら》揚《あ》げ →64ページ

生《なま》揚《あ》げ →64ページ

がんもどき →64ページ

焼《や》きどうふ →65ページ

大《だい》豆《ず》油《ゆ》 →84ページ

こおりどうふ →65ページ

きな粉《こ》 →86ページ

あずきの加《か》工《こう》食《しょく》品《ひん》

あん →96ページ

緑《りょく》豆《とう》の加《か》工《こう》食《しょく》品《ひん》

緑《りょく》豆《とう》春《はる》雨《さめ》

→105ページ

そら豆の加《か》工《こう》食《しょく》品《ひん》

豆《トウ》板《バン》醤《ジャン》 →135ページ

落《らっ》花《か》生《せい》の加《か》工《こう》食《しょく》品《ひん》

ピーナッツバター

→141ページ

いろいろな豆を使《つか》った加《か》工《こう》食《しょく》品《ひん》

炒《い》り豆《まめ》 →142ページ

豆《まめ》菓《が》子《し》 →144ページ

煮《に》豆《まめ》 →146ページ

生まれ変《か》わる大《だい》豆《ず》油《ゆ》

豆は食べもの以外《いがい》のものに加工《かこう》されることもあります。とくに大豆《だいず》は、大豆油《だいずゆ》をへて、さまざまな加工品《かこうひん》に変身《へんしん》します。

食べもの以外《いがい》の加工品《かこうひん》へ

わたしたちの身《み》のまわりには、石油《せきゆ》を原料《げんりょう》にしてつくられたものがたくさんあります。自動車《じどうしゃ》の燃料《ねんりょう》や洗剤《せんざい》、印刷《いんさつ》用《よう》のインキなどです。これらの製品《せいひん》は、最近《さいきん》では石油《せきゆ》にかわって、大豆油《だいずゆ》などの植物油《しょくぶつゆ》を原料《げんりょう》にしたものも開発《かいはつ》されています。植物《しょくぶつ》を原料《げんりょう》としているため、環境《かんきょう》にやさしい製《せい》品《ひん》として注目《ちゅうもく》されています。

大豆油《だいずゆ》からつくる加工品《かこうひん》

大豆油《だいずゆ》

大豆《だいず》ロウ

大豆油《だいずゆ》からつくられるロウ（ワックス）。

大豆洗剤《だいすせんざい》

バクテリアによって分解《ぶんかい》されるので、水をよごしにくい。肌《はだ》にもやさしい。

バイオディーゼル燃料《ねんりょう》

大豆油《だいずゆ》などの植物油《しょくぶつゆ》からつくった自動車《じどうしゃ》の燃料《ねんりょう》。石油《せきゆ》の燃料《ねんりょう》にくらべて、二酸化《にさんか》炭素《たんそ》の排出量《はいしゅつりょう》が少ない。

大豆《だいず》ロウソク

石油《せきゆ》からつくったロウソクよりも、燃《も》えるときに出る二酸化炭素《にさんかたんそ》が少ない。

大豆《だいず》クレヨン

大豆油《だいずゆ》からつくられているので、子どもがなめてしまってもからだに害《がい》がない。

大豆《だいず》インキ

大豆油《だいずゆ》を使《つか》うので、インキから出る有害物質《ゆうがいぶっしつ》が少ない。再生紙《さいせいし》をつくるときもインキが分解《ぶんかい》されやすいので、環境《かんきょう》にやさしい。

VEGETABLE OIL INK

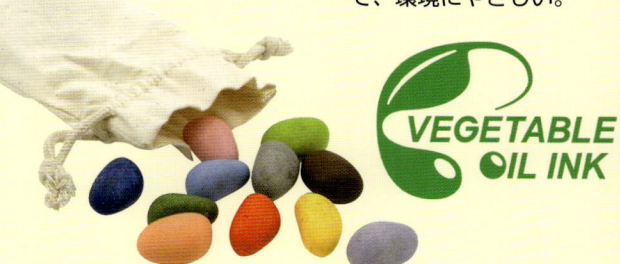

豆はどこからやってきた?

日本人は昔《むかし》から豆を食べてきましたが、
そもそも豆は、大昔《おおむかし》から日本にあったものなのでしょうか。

豆は海をわたってやってきた

現在《げんざい》、日本でおもに栽培《さいばい》されている豆は、もとは外国からもたらされたといわれています。豆の原産地《げんさんち》は中国《ちゅうごく》や西アジア、南北アメリカ大陸《たいりく》など、さまざまです。最初《さいしょ》に日本にやってきたのは大豆《だいず》で、中国《ちゅうごく》から伝《つた》わったといわれています。

その後、あずき、ささげ、いんげん豆、べにばないんげん、えんどう、そら豆、落花生《らっかせい》なども海をわたってやってきて、多くの豆が日本で栽培《さいばい》されるようになりました。

豆が日本にやってくるまで

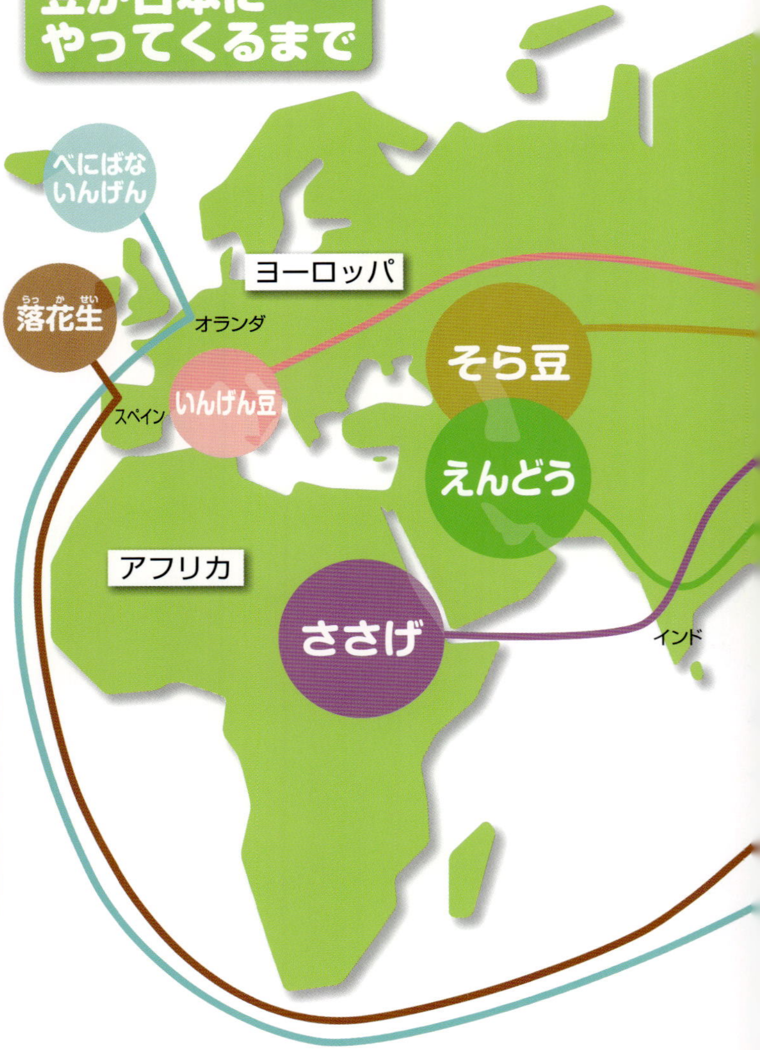

ささげ

ささげは、見た目があずきに似《に》ているが、原産地《げんさんち》はアフリカ大陸《たいりく》。まず、アフリカからインドにわたり、そこから中央《ちゅうおう》アジア、中国《ちゅうごく》へと伝《つた》わり、日本にやってきたのは平安時代《へいあんじだい》といわれている。

えんどう

西アジア原産《げんさん》で、インドをへて中国《ちゅうごく》に伝《つた》わり、奈良時代《ならじだい》に遣唐使《けんとうし》によってもち帰られた。遣唐使《けんとうし》は、文明がすすんでいた中国《ちゅうごく》にわたって文化《ぶんか》や技術《ぎじゅつ》を学ぶための使節《しせつ》で、さまざまな品物《しなもの》といっしょに、えんどうも日本にやってきた。

そら豆

西アジアが原産地《げんさんち》。日本には奈良時代《ならじだい》に、中国《ちゅうごく》からやってきたインドのお坊《ぼう》さんがもってきたといわれている。

大豆《だいず》

中国《ちゅうごく》の東北部《とうほくぶ》や、中国《ちゅうごく》の中央部《ちゅうおうぶ》をながれる長江《ちょうこう》のまわりなど、とても広い地域《ちいき》が原産地《げんさんち》だといわれている。中国《ちゅうごく》から日本に伝《つた》わってきたのは、今から3000年ほど前の縄文時代《じょうもんじだい》のおわりごろとされていたが、今から5000年ほど前の遺跡《いせき》からも栽培《さいばい》した大豆《だいず》のあとが見つかったため、もっと古くから食べられていたと考えられている。奈良時代《ならじだい》の書物《しょもつ》『古事記《こじき》』にも大豆《だいず》のことが書かれていて、このころには大豆《だいず》の栽培《さいばい》がすすんでいたことがわかっている。

あずき

日本をふくめた東アジアの広い地域《ちいき》が原産地《げんさんち》ではないかといわれている。日本では、今から2800年ほど前の縄文時代《じょうもんじだい》の遺跡《いせき》からあずきの種《たね》が見つかったため、かなり古くから栽培《さいばい》されていたと考えられている。

いんげん豆

中央《ちゅうおう》アメリカが原産地《げんさんち》。スペイン人によってヨーロッパに伝《つた》わり、そこから中国《ちゅうごく》までやってきた。日本には、江戸時代《えどじだい》の1654年に中国《ちゅうごく》からやってきた隠元禅師《いんげんぜんじ》というお坊《ぼう》さんがもってきたといわれている。

べにばないんげん

メキシコの高原地帯《こうげんちたい》が原産地《げんさんち》。メキシコからヨーロッパに伝《つた》わり、江戸時代《えどじだい》のおわりごろ（1800年代《ねんだい》の中ごろ）に、オランダとの貿易《ぼうえき》によって日本に伝《つた》わった。

落花生《らっかせい》

南アメリカが原産地《げんさんち》。スペインからフィリピンにわたり、そこから中国《ちゅうごく》をへて、1800年ごろに日本に伝《つた》わった。

日本全《ぜん》国《こく》でつくられている豆

大豆《だいず》をはじめ、さまざまな豆が日本中で栽培《さいばい》されています。
栽培《さいばい》されている豆の種類《しゅるい》や生産量《せいさんりょう》の、地域《ちいき》ごとのちがいを見てみましょう。

気候《きこう》や環境《かんきょう》にあった豆の栽培《さいばい》

日本は南北に長い地形で、地域《ちいき》によって気候《きこう》や環境《かんきょう》が変《か》わります。長い栽培《さいばい》の歴史《れきし》の中で、それぞれの地《ち》域《いき》にあった豆が栽培《さいばい》されるようになり、より多くの豆を収穫《しゅうかく》するために品種改良《ひんしゅかいりょう》もすすめられました。

大豆《だいず》は、すべての都道府県《とどうふけん》で栽培《さいばい》されており、生《せい》産量《さんりょう》が少ないものもふくめると、品種《ひんしゅ》の数は400をこえます。いっぽう大豆以外《だいずいがい》の豆は、一部《いちぶ》の都道府《とどうふ》県《けん》に生産《せいさん》が集中《しゅうちゅう》しています。

大豆《だいず》の生産量《せいさんりょう》と各地《かくち》の豆の栽培《さいばい》

※「平成23年産作物統計」（農林水産省）より

（2011年）

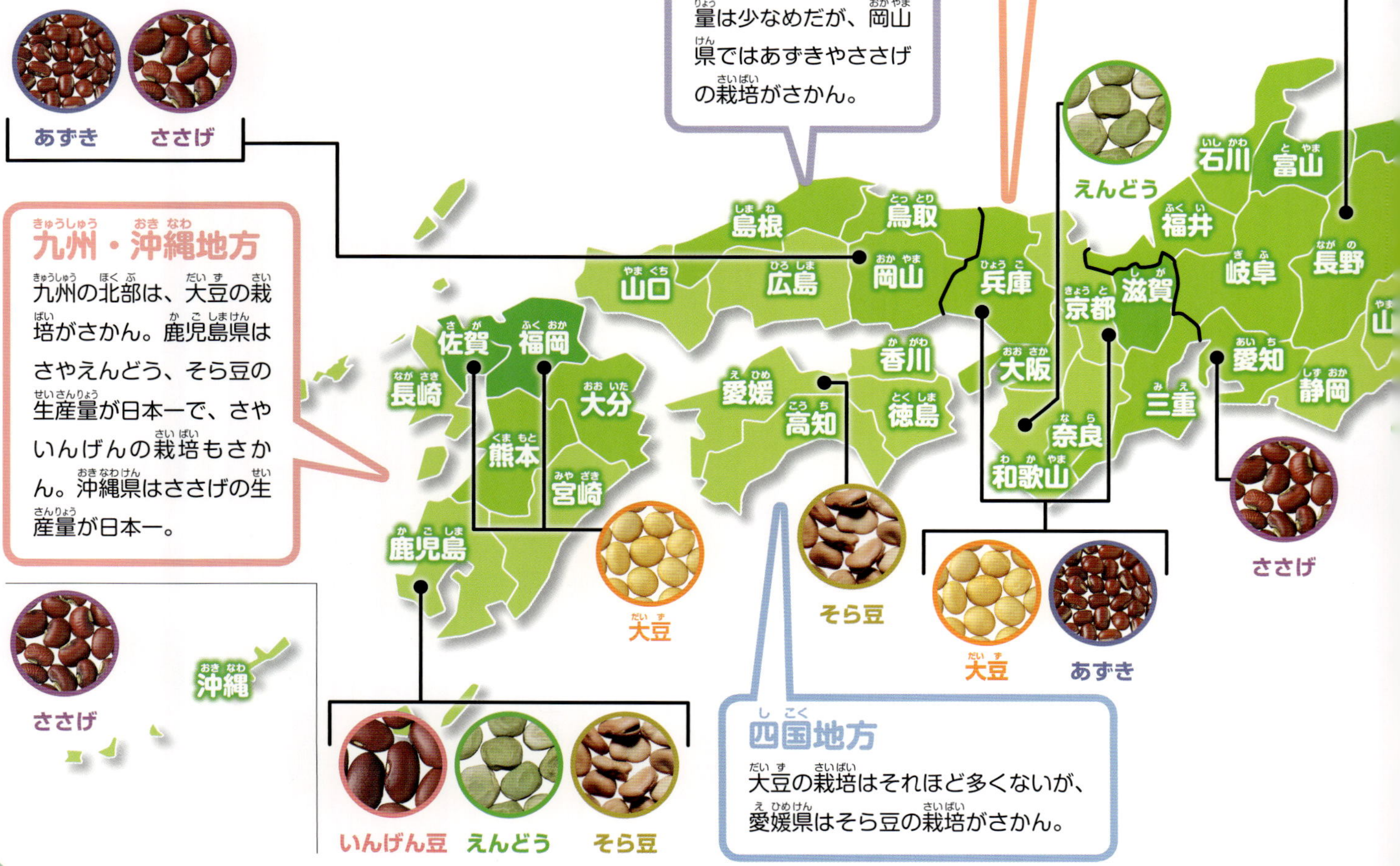

近畿《きんき》地方

京都府《きょうとふ》と兵庫県《ひょうごけん》は大《だい》豆《ず》とあずき、和歌山《わかやま》県《けん》はさやえんどうの栽培《さいばい》がさかん。

中国《ちゅうごく》地方

地域全体《ちいきぜんたい》での豆の生産《せいさん》量《りょう》は少なめだが、岡山《おかやま》県《けん》ではあずきやささげの栽培《さいばい》がさかん。

九州《きゅうしゅう》・沖縄《おきなわ》地方

九州《きゅうしゅう》の北部《ほくぶ》は、大豆《だいず》の栽《さい》培《ばい》がさかん。鹿児島県《かごしまけん》はさやえんどう、そら豆の生産量《せいさんりょう》が日本一で、さやいんげんの栽培《さいばい》もさかん。沖縄県《おきなわけん》はささげの生《せい》産量《さんりょう》が日本一。

四国《しこく》地方

大豆《だいず》の栽培《さいばい》はそれほど多くないが、愛媛県《えひめけん》はそら豆の栽培《さいばい》がさかん。

▲ほかの地域《ちいき》とくらべても、とくに広い北海道《ほっかいどう》の大豆畑《だいずばたけ》。

北海道《ほっかいどう》地方

広大な農地《のうち》があり、多くの豆が栽培《さいばい》されている。大豆《だいず》、あずき、いんげん豆、えんどうの生産量《せいさんりょう》が日本一で、さやいんげん、べにばないんげんの栽培《さいばい》もさかん。

東北《とうほく》地方

農業《のうぎょう》がさかんな東北《とうほく》地方は、全体的《ぜんたいてき》に大豆《だいず》の生産量《せいさんりょう》が多い。岩手県《いわてけん》はあずき、福島県《ふくしまけん》はあずき、さやいんげんの栽《さい》培《ばい》がさかん。

中部《ちゅうぶ》地方

長野県《ながのけん》など、標高《ひょうこう》が高くて寒《さむ》い気候《きこう》の地域《ちいき》では、べにばないんげんの栽培《さいばい》がさかん。愛知《あいち》県《けん》はささげの栽培《さいばい》がさかん。

関東《かんとう》地方

千葉県《ちばけん》は落花生《らっかせい》とさやいんげんの生産量《せいさんりょう》が日本一で、そら豆の栽培《さいばい》もさかん。茨城県《いばらきけん》は落《らっ》花生《かせい》とそら豆、群馬県《ぐんまけん》はべにばないんげんの栽培《さいばい》がさかん。

都道府県《とどうふけん》ごとの大豆《だいず》の生産量《せいさんりょう》(2011年)

〈地図の見方〉

都道府県《とどうふけん》ごとに、大豆《だいず》の生産量《せいさんりょう》で色わけしている。

- 2万トン以上《いじょう》
- 1万トン～2万トン未満《みまん》
- 5000トン～1万トン未満《みまん》
- 1000トン～5000トン未満《みまん》
- 1000トン未満《みまん》

〈大豆生産量上位《だいずせいさんりょうじょうい》5県《けん》〉

※「平成23年産作物統計」(農林水産省)より
※熟した豆の統計。

世界《せかい》から運《はこ》ばれてくる豆

乾燥《かんそう》させると長く保存《ほぞん》できる豆は、輸出用《ゆしゅつよう》の作物《さくもつ》として世界中《せかいじゅう》で生産《せいさん》されています。わたしたちが食べている豆も、多くは外国から日本に輸入《ゆにゅう》されたものです。

世界中《せかいじゅう》で育《そだ》てられた豆が日本に集《あつ》まってきている

豆は、世界中《せかいじゅう》で食べられています。輸出用《ゆしゅつよう》の重要《じゅうよう》な作物《さくもつ》としても、多くの国で大量《たいりょう》に生産《せいさん》されています。豆の消費量《しょうひりょう》が多い日本は、国内で生産《せいさん》される豆だけではたりないので、外国から多くの豆を輸入《ゆにゅう》しています。消費量《しょうひりょう》がとくに多い大豆《だいず》は、国内で生産《せいさん》されるものの15倍以上《ばいいじょう》の量《りょう》を輸入《ゆにゅう》にたよっています。

日本に輸入《ゆにゅう》された豆の多くは、加工食品《かこうしょくひん》の原料《げんりょう》になります。大豆《だいず》の場合は、大部分《だいぶぶん》が食用油《しょくようあぶら》の原料《げんりょう》となり、加工《かこう》したあとのしぼりかすは家畜《かちく》の飼料《しりょう》などに利用《りよう》されます。

豆の生産量《せいさんりょう》が多い国 (2010年)

豆ごとに、生産量《せいさんりょう》の上位《じょうい》3か国を地図上にしめしています。

豆の輸入量《ゆにゅうりょう》 (2011年)

おもな豆の日本への輸入量《ゆにゅうりょう》です。
輸入相手国《ゆにゅうあいてこく》の上位《じょうい》3か国をグラフでしめしています。

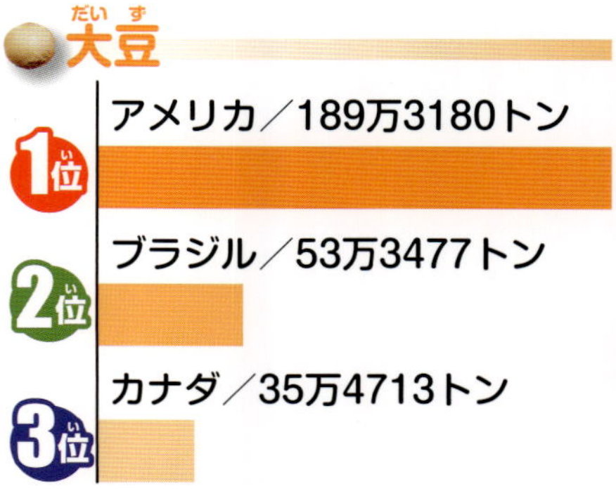

▲アメリカで大量生産《たいりょうせいさん》された大豆《だいず》。

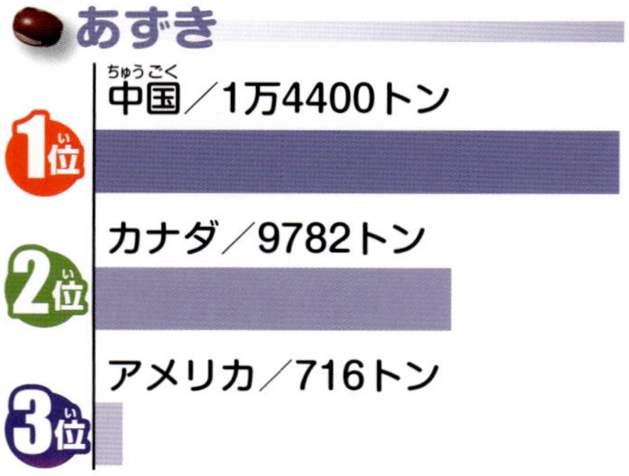

※「貿易統計」(財務省)より　※熟した豆の統計。大豆とあずきは播種用をふくむ。

国産《こくさん》の豆と輸入《ゆにゅう》の豆の割合《わりあい》

日本で消費《しょうひ》される豆のうち、国内で生産《せいさん》されている豆と、輸入《ゆにゅう》される豆の割合《わりあい》です。

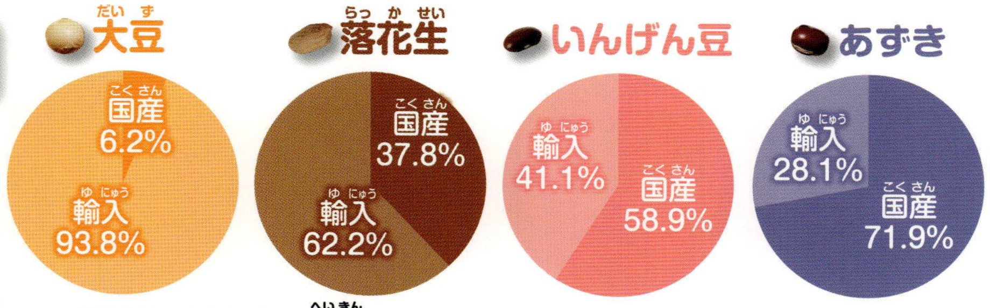

(2007～2011年の平均《へいきん》)

※「貿易統計」(財務省)、「平成19～23年産作物統計」(農林水産省)より
※熟した豆の統計。大豆とあずきの輸入される豆には、播種用もふくむ。

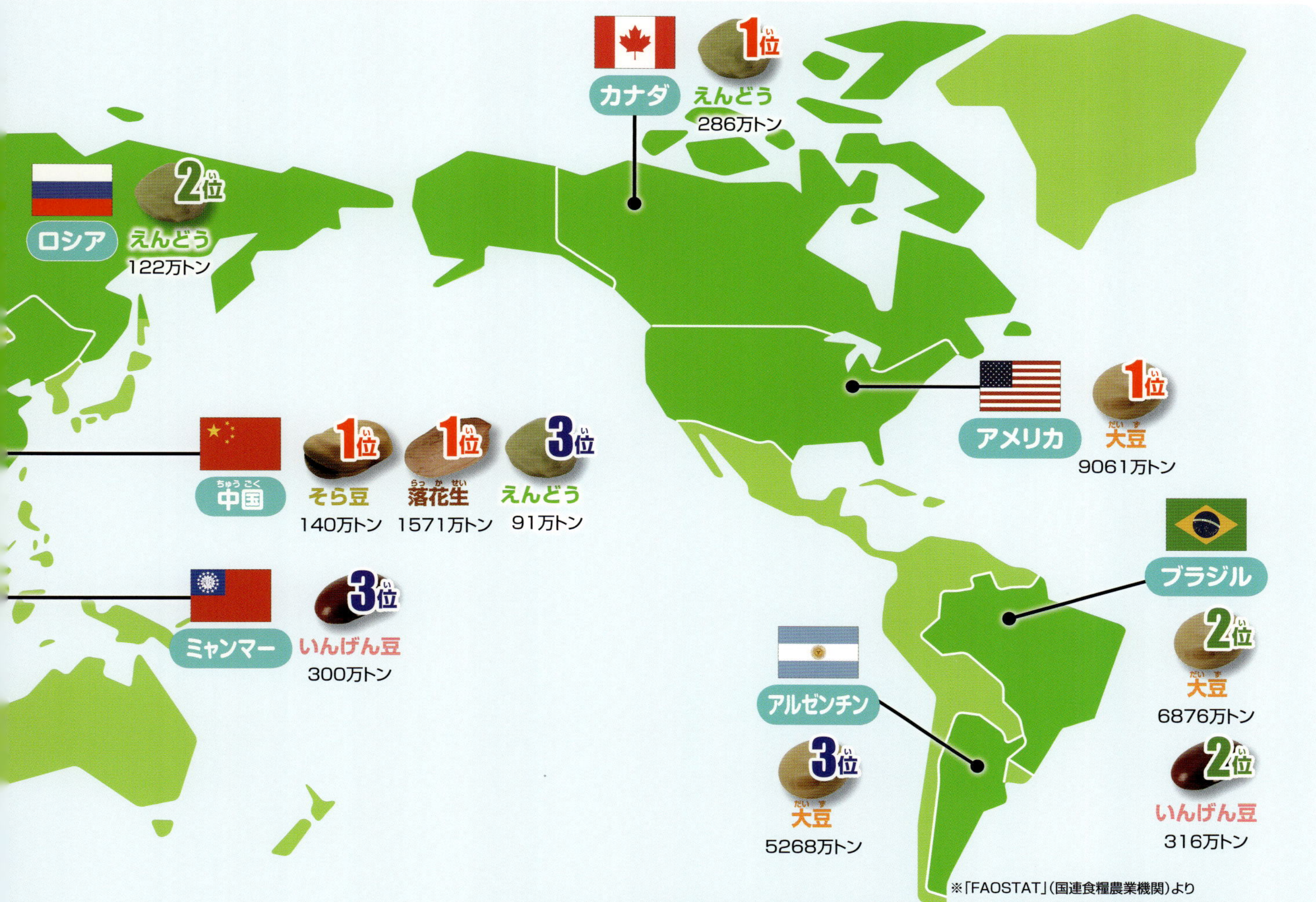

※あずきとべにばないんげんは、いんげん豆にふくめた統計。

※「FAOSTAT」(国連食糧農業機関)より
順位や数値は、2013年2月末現在のもの。

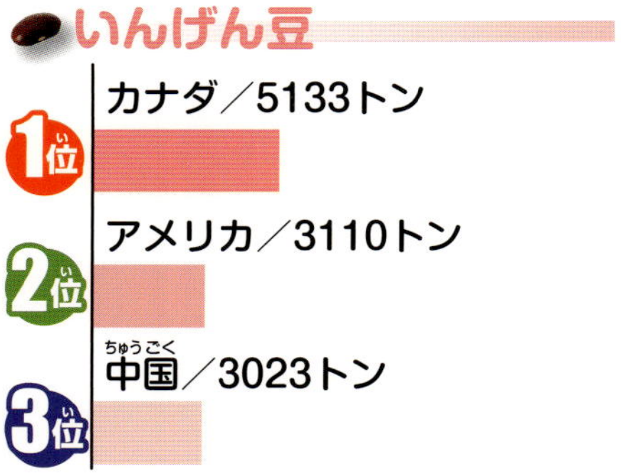

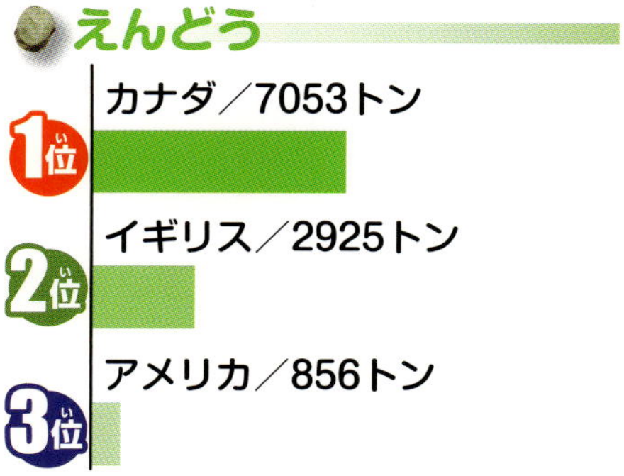

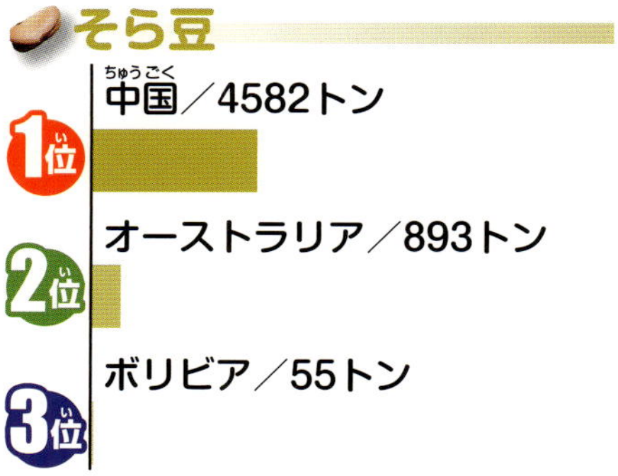

豆と年中行事《ねんちゅうぎょうじ》

豆には、悪《わる》いものをはらう力があるとされていて、年中行事《ねんちゅうぎょうじ》と深《ふか》いかかわりがあります。

節分《せつぶん》（2月3日ごろ）

豆をまいて鬼《おに》をおいはらう

節分《せつぶん》は、こよみの上で冬から春に変《か》わる「立春《りっしゅん》」の前日におこなわれます。古くから、季節《きせつ》が変《か》わるときは悪《わる》いものが寄《よ》ってきやすいと考えられてきました。豆をまいて鬼《おに》（病気《びょうき》や不幸《ふこう》など）をおいはらい、家族《かぞく》の健康《けんこう》を願《ねが》います。豆まきには、「魔《ま》（悪《わる》いもの）を滅《めっ》する（なくす）＝魔滅《まめつ》（まめ）」という意味《いみ》がこめられています。

▲多くの地域《ちいき》では炒《い》った大豆《だいず》（左）を使《つか》うが、東北《とうほく》地方や、九州《きゅうしゅう》地方の一部《いちぶ》では、さやつきの落花生《らっかせい》（右）を使《つか》う。まいたあとでさやをわって食べられる。

▲▶埼玉県《さいたまけん》の秩父神社《ちちぶじんじゃ》でおこなわれる「鬼《おに》やらい」。神社《じんじゃ》の中で赤鬼《あかおに》と青鬼《あおおに》がおどり（上）、年男《としおとこ》・年女《としおんな》（その年の干支《えと》と同じ干支《えと》の年に生まれた男女）が豆をまく（右）。

◀あずきがゆ。あずきを入れて煮《に》こんだおかゆで、平安時代《へいあんじだい》から食べられている。

▶水無月《みなづき》。ういろうの生地《きじ》にあずきをのせて蒸《む》したもの。

小正月《こしょうがつ》（1月15日）

夏越祓《なごしのはらえ》（6月30日）

あずきの色が魔《ま》よけになる

古くから、あずきの赤い色には魔《ま》よけのはたらきがあるとされてきました。一年のはじめの時期《じき》の小正月《こしょうがつ》に「あずきがゆ」を食べることで、悪《わる》いものをおいはらって、健康《けんこう》を願《ねが》う習慣《しゅうかん》があります。

また、6月の最後《さいご》の日には、残《のこ》りの半年間の健康《けんこう》を願《ねが》う行事《ぎょうじ》の夏越祓《なごしのはらえ》がおこなわれます。このときも、あずきを使《つか》った和菓子《わがし》の「水無月《みなづき》」を食べます。どちらの行事《ぎょうじ》もあまり見られなくなっていますが、一部《いちぶ》の地域《ちいき》で現在《げんざい》もおこなわれています。

2章

大豆《だいず》

大豆《だいず》は、「畑《はたけ》の肉」とよばれるほどタンパク質《しつ》が多い、栄養豊富《えいようほうふ》な食べものです。豆そのものを食べるほかに、みそやしょうゆ、とうふ、なっとうなどの加工食品《かこうしょくひん》の原料《げんりょう》にもなります。

▲豊《ゆた》かに実《みの》った大豆《だいず》を収穫《しゅうかく》するコンバイン（熊本県熊本《くまもとけんくまもと》市）。

大豆《だいず》

大《だい》豆《ず》ってどんな豆？

大豆《だいず》は、日本人のくらしにかかせない、たいせつな豆です。
「豆の王様《おうさま》」ともよばれる大豆《だいず》は、いったいどんな豆なのでしょうか。

大《だい》豆《ず》は豆の王《おう》様《さま》！

大豆《だいず》は、もっとも多く栽培《さいばい》されている豆のなかまです。日本では地域《ちいき》ごとにさまざまな豆が栽培《さいばい》されていますが、大豆《だいず》はすべての都道府県《とどうふけん》で栽培《さいばい》されています。

大豆《だいず》の栽培《さいばい》は外国でもさかんにおこなわれていて、全世界《ぜんせかい》の大豆《だいず》の生産量《せいさんりょう》は年間2億《おく》6000万トンをこえます（2011年）。大豆《だいず》以外《いがい》の豆の生産量《せいさんりょう》をすべてたしても、大豆《だいず》の生産量《せいさんりょう》のほうがはるかに多いのです。まさに、豆の王様《おうさま》といえるでしょう。

大《だい》豆《ず》の熟《じゅく》した豆

大豆《だいず》の豆は、さやの中で育《そだ》っているときは、だ円形をしています。豆が熟《じゅく》して、水分がぬけて小さくなると、きれいな丸い形になります。

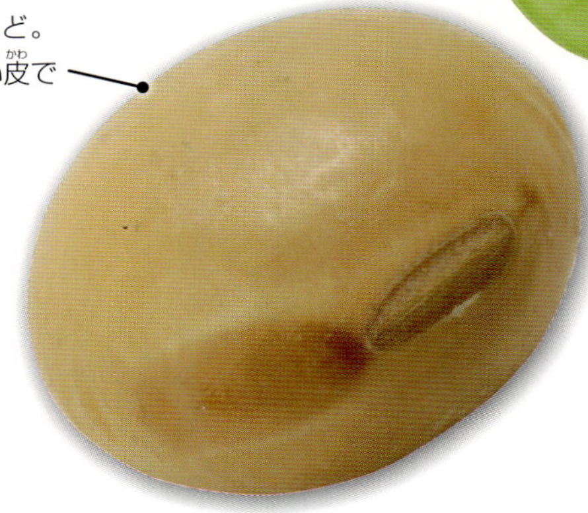

大きさは6～11mmほど。
表面《ひょうめん》は、うすくてかたい皮《かわ》でおおわれている。

大《だい》豆《ず》の株《かぶ》

畑《はたけ》で見られる大豆《だいず》の株《かぶ》は手入れされているので、横《よこ》に大きく広がるように成長《せいちょう》し、たくさんの葉《は》をつけます。

大豆《だいず》の葉《は》は、日中はきれいに上をむく。下のほうの葉《は》にも日光があたるようにするためと考えられている。

大豆《だいず》の若《わか》ざや

緑色《みどりいろ》の短《みじか》めのさやで、中に2～3つぶの豆ができます。

大豆《だいず》とお米はベストパートナー

わたしたちは、毎日のようにみそ汁《しる》を飲《の》んで、とうふやなっとうを食べています。これには、日本人の主食《しゅしょく》であるお米が関係《かんけい》しています。

お米には炭水化物《たんすいかぶつ》、大豆《だいず》にはタンパク質《しつ》と脂質《ししつ》が多くふくまれています。お米と、大豆《だいず》や大豆《だいず》の加工食品《かこうしょくひん》をいっしょに食べることで、健康《けんこう》なからだづくりにかかせない栄養《えいよう》を、バランスよくとることができます。お米と大豆《だいず》は、おたがいのたりないところをおぎなうベストパートナーなのです。

大豆《だいず》には、からだによい成分《せいぶん》がたくさん！

大豆《だいず》には、からだの調子《ちょうし》をととのえる鉄分《てつぶん》がひじょうに多くふくまれています。さまざまな病気《びょうき》をふせぐイソフラボンという成分《せいぶん》も豊富《ほうふ》です。大豆《だいず》ならではのからだによい成分《せいぶん》は、ほかにもあります。大豆《だいず》ペプチドはつかれをとるはたらきがあり、大豆《だいず》サポニンは老化《ろうか》や肥満《ひまん》をふせぎます。大豆《だいず》レシチンには、血液《けつえき》をきれいするはたらきがあります。

◀大豆《だいず》のイソフラボンを使《つか》った健康食品《けんこうしょくひん》。

大豆《だいず》はアジアから世界《せかい》に広まった

大豆《だいず》は、わたしたち日本人がくらしている東アジアがふるさとです。
いつごろから栽培《さいばい》され、世界《せかい》にどのように広まっていったのでしょうか。

大豆《だいす》の祖先《そせん》はツルマメ

大豆《だいず》は、東アジアの広い地域《ちいき》で自然《しぜん》に生え育《そだ》っていたツルマメが原種《げんしゅ》（おおもととなった種《しゅ》）だといわれています。中国《ちゅうごく》ではかなり古い時代《じだい》からツルマメの栽培《さいばい》がおこなわれていて、つぶの大きな豆を選《えら》んで栽培《さいばい》をくりかえしていくうちに、大豆《だいず》が生まれたのではないかと考えられています。やがて、大豆《だいず》は東アジアの国ぐにに広まり、海をわたって日本にも伝《つた》わりました。

ツルマメと大豆《だいす》

ツルマメと大豆《だいす》は植物《しょくぶつ》としての特徴《とくちょう》が大きくことなるので、ツルマメはとても長い時間をかけて大豆《だいず》に変化《へんか》していったと考えられる。

ツルマメ

▲野生の植物《しょくぶつ》で、つるがのびてまわりのものに巻《ま》きつきながら育《そだ》つ。

▶豆はこい茶色で、大きさは1～2mmほどしかない。

大豆《だいす》

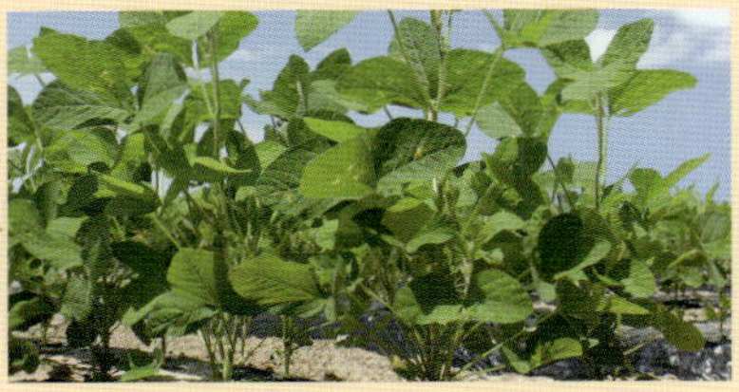

▲つるはなく、栽培《さいばい》しやすいように品種改良《ひんしゅかいりょう》されている。

▶豆はうすい黄色で、ツルマメとくらべるとかなり大きい。

10年ごとの世界《せかい》の大豆生産量《だいすせいさんりょう》

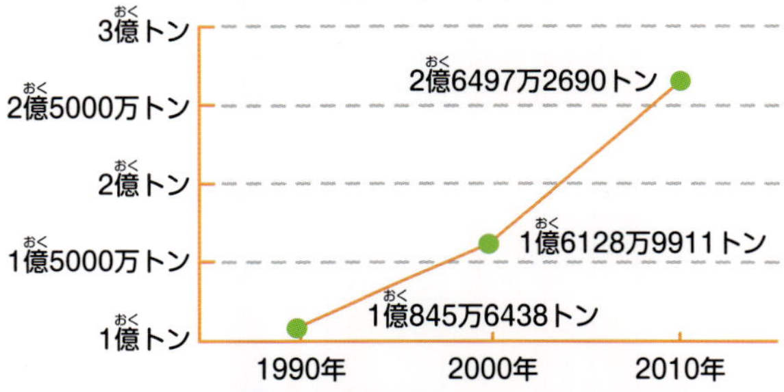

※「FAOSTAT」（国連食糧農業機関）より。数値は、2013年2月末現在のもの。

世界中《せかいじゅう》に広まった大豆《だいす》の栽培《さいばい》

大豆《だいず》は、江戸時代《えどじだい》の日本とヨーロッパの貿易《ぼうえき》がきっかけで世界《せかい》に広まり、1930年代《ねんだい》には世界中《せかいじゅう》で栽培《さいばい》されるようになりました。大豆油《だいずゆ》が健康《けんこう》によいことと、大豆《だいず》のしぼりかすが家畜《かちく》の飼料《しりょう》になることで、多くの国で需要《じゅよう》が高まったためです。

大豆《だいず》の生産量《せいさんりょう》は爆発的《ばくはつてき》にふえていて、1990年からの20年間で、2倍以上《ばいいじょう》になっています。

大豆《だいず》は「大いなる豆」

日本では、米、麦、あわ、きび、豆の5種類《しゅるい》を「五穀《ごこく》」とよんで、たいせつな作物《さくもつ》として栽培《さいばい》してきました。古くから「豆」というと、大豆《だいず》のことをさします。五穀《ごこく》に選《えら》ばれるほどの豆なので、「大いなる豆」という意味《いみ》をこめて、大豆《だいず》と名づけられたと考えられています。

大豆《だいず》と日本人のかかわり

大豆《だいず》は、日本の歴史《れきし》とも深《ふか》いかかわりがあります。

縄文《じょうもん》〜弥生《やよい》時代《じだい》（約《やく》1700年《ねん》以上《いじょう》前）

縄文《じょうもん》・弥生時代《やよいじだい》は、日本人が定住生活《ていじゅうせいかつ》をして、農業《のうぎょう》をおこなうようになった時代《じだい》です。縄文時代《じょうもんじだい》の土器《どき》には大豆《だいず》をうめこんだあとがあり、このころには大豆《だいず》が栽培《さいばい》されていたことがわかっています。弥生時代《やよいじだい》になると、稲作《いなさく》とともに大豆《だいず》の栽培《さいばい》もさかんにおこなわれるようになったと考えられています。

▲山梨県《やまなしけん》の酒呑場《さけのみば》遺跡《いせき》で見つかった5000年ほど前の土器《どき》(左)。土器《どき》のかけら（右）から大豆《だいず》をうめこんだあとが見つかった。

▶みそやしょうゆのもととなった加工食《かこうしょく》品《ひん》の「醤《ひしお》」。現在《げんざい》でもつくられている。

奈良時代《ならじだい》（約《やく》1300〜1200年前）

奈良時代《ならじだい》は、中国《ちゅうごく》との貿易《ぼうえき》がさかんになり、さまざまな文化《ぶんか》や技術《ぎじゅつ》が伝《つた》わった時代《じだい》です。とうふや、現在《げんざい》のみそやしょうゆの原型《げんけい》となった加工食品《かこうしょくひん》が広まりました。

鎌倉時代《かまくらじだい》（約《やく》800〜700年前）

鎌倉時代《かまくらじだい》は、力をもった武士《ぶし》が世《よ》の中《なか》をおさめていた時代《じだい》です。このころから、大豆《だいず》の栽培《さいばい》が全国《ぜんこく》でさかんになり、みそやとうふなどの加工食品《かこうしょくひん》をつくる技術《ぎじゅつ》も発達《はったつ》しました。

◀鎌倉時代《かまくらじだい》につくられはじめたといわれる金山寺《きんざんじ》みそ。もととなる大豆《だいず》と麦の形が残《のこ》っている。

▶とうふはとくに人気で、「豆腐百珍《とうふひゃくちん》」という、とうふ専門《せんもん》の料理本《りょうりぼん》もあった。

江戸時代《えどじだい》（約《やく》400〜150年前）

江戸時代《えどじだい》は、長くつづいた戦《たたか》いがおさまり、庶《しょ》民《みん》の文化《ぶんか》が発達《はったつ》した時代《じだい》です。多くの人が大豆《だいず》の加工食品《かこうしょくひん》を食べられるようになりました。

現代《げんだい》

アメリカやヨーロッパの食文化《しょくぶんか》に影響《えいきょう》され、日本人の食生活が肉類《にくるい》にかたよったことで、健康食品《けんこうしょくひん》として大豆《だいず》が見なおされるようになりました。最近《さいきん》では、大豆《だいず》が原料《げんりょう》のお菓子《かし》もつくられ、人気を集《あつ》めています。

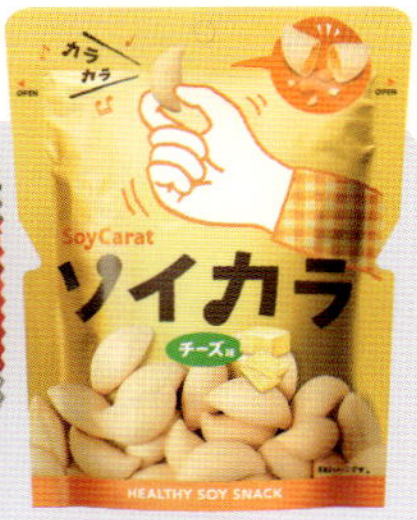

▲▶大豆《だいず》が原料《げんりょう》のお菓子《かし》。

大豆《だいず》のいろいろ

大豆《だいず》には、黄色い豆だけではなく、さまざまな色の豆があります。
同じ色の豆でも、特徴《とくちょう》のちがった品種《ひんしゅ》がたくさんあります。

黄・黒・青・赤・茶 さまざまな色の大豆《だいず》がある

大豆《だいず》は、熟《じゅく》した豆の色で種類《しゅるい》をわけることができます。目にすることの多い黄大豆《きだいず》のほかに、黒大豆《くろだいず》、青大豆《あおだいず》、赤大豆《あかだいず》、茶大豆《ちゃだいず》といった、さまざまな色の大豆《だいず》があります。

また、大豆《だいず》はもっとも多く食べられている豆なので、品種改良《ひんしゅかいりょう》もすすんでいます。同じ色の大豆《だいず》でも、豆の特徴《とくちょう》、栽培《さいばい》に適《てき》した環境《かんきょう》がことなる品種《ひんしゅ》がたくさんあり、さまざまな料理《りょうり》や加工食品《かこうしょくひん》に利用《りよう》されています。

黄大豆《きだいず》 広く使《つか》われている一般的《いっぱんてき》な大豆《だいず》

黄大豆《きだいず》は、わたしたちがよく目にする大豆《だいず》で、すべての都道府県《とどうふけん》で栽培《さいばい》されています。世界《せかい》で栽《さい》培《ばい》されている大豆《だいず》も、ほとんどが黄大豆《きだいず》です。

みそやしょうゆ、とうふ、なっとう、大豆油《だいずゆ》などの加工食品《かこうしょくひん》は、おもに黄大豆《きだいず》を原料《げんりょう》につくられています。品種《ひんしゅ》の数は豆の中で一番多く、400種《しゅ》をこえます。それぞれの品種《ひんしゅ》ごとに、適《てき》した加工食品《かこうしょくひん》があります。

▶黄大豆《きだいず》と、黄大豆《きだいず》を原料《げんりょう》とした加工食品《かこうしょくひん》。

フクユタカ

あたたかい地域《ちいき》で栽培《さいばい》するためにつくられた品種《ひんしゅ》。日本でもっとも多く栽培《さいばい》されている。とうふに加工《かこう》される。

エンレイ

フクユタカについで、多く栽培《さいばい》されている。とうふやみそに加工《かこう》されるほか、煮豆《にまめ》にして食べられている。

ユキホマレ

北海道《ほっかいどう》で多く栽培《さいばい》されている「トヨマサリ」という銘柄《めいがら》の黄大豆《きだいず》のひとつ。あまみが強い上《じょう》品《ひん》な味《あじ》わいで「大豆《だいず》の横綱《よこづな》」とよばれている。とうふに加工《かこう》されるほか、さまざまな料理《りょうり》にも使《つか》われる。

スズマル

なっとうづくりに使《つか》うために品種改良《ひんしゅかいりょう》された、つぶがとても小さい大《だい》豆《ず》。小さくても歯《は》ごたえがあり、なっとうにしたときのにおいがきつくない。

枝《えだ》豆《まめ》もじつは大《だい》豆《ず》！

夏によく食べられている枝《えだ》豆《まめ》。じつは枝豆《えだまめ》という種類《しゅるい》の豆ではありません。熟《じゅく》す前の緑色《みどりいろ》の若《わか》ざやの状態《じょうたい》で収穫《しゅうかく》した大豆《だいず》を、枝豆《えだまめ》とよんでいるだけなのです。

わたしたちがふだん食べている枝豆《えだまめ》は、ほとんどが黄大《きだい》豆《ず》の枝豆《えだまめ》です。収穫《しゅうかく》せずに、じゅうぶんに熟《じゅく》すまで育《そだ》てると、黄色い豆になります。

▶もっとも多く食べられている黄大豆《きだいず》の枝豆《えだまめ》。

▶熟《じゅく》しはじめた黒大《くろだい》豆《ず》の枝豆《えだまめ》。豆が黒みがかってきている。

黒大豆《くろだいず》

お正月にかかせない煮豆《にまめ》に

黒色やこい紫色《むらさきいろ》の大豆《だいず》です。おもに煮豆《にまめ》（黒豆《くろまめ》）に使《つか》われるので、黒大《くろだい》豆《ず》そのものを「黒豆《くろまめ》」とよぶこともあります。「丹波黒《たんばぐろ》」のような、一部《いちぶ》の地域《ちいき》でしか栽培《さいばい》されていない高級品種《こうきゅうひんしゅ》が人気です。黒い皮《かわ》の部分《ぶぶん》には、アントシアニンという色素《しきそ》が多くふくまれています。

▶お正月のおせち料理《りょうり》にかかせない黒豆《くろまめ》。

いわいくろ

おもに北海道《ほっかいどう》で栽培《さいばい》されている。煮《に》ても皮《かわ》がさけにくく、煮豆《にまめ》に利用《りよう》される。豆菓《まめが》子《し》にも加工《かこう》される。

雁喰《がんくい》

東北《とうほく》地方で栽培《さいばい》されている。平《ひら》べったい形の豆で、表《ひょう》面《めん》のくぼみが、雁《がん》という鳥が食べたあとのように見えるのが名前の由来《ゆらい》。

丹波黒《たんばぐろ》

近畿《きんき》·中国《ちゅうごく》·四国《しこく》地方で栽培《さいばい》されている高級品種《こうきゅうひんしゅ》。世界《せかい》一《いち》つぶの大きな大豆《だいず》といわれ、味《あじ》もひじょうによい。

ういろう豆

ひじょうにつぶの小さい黒《くろ》大豆《だいず》。愛媛県《えひめけん》の一部《いちぶ》の地域《ちいき》で古くから栽培《さいばい》されている。ごはんといっしょに炊《た》いて、豆ごはんにして食べられることが多い。

豆なのに、のりの香《かお》りがする豆？

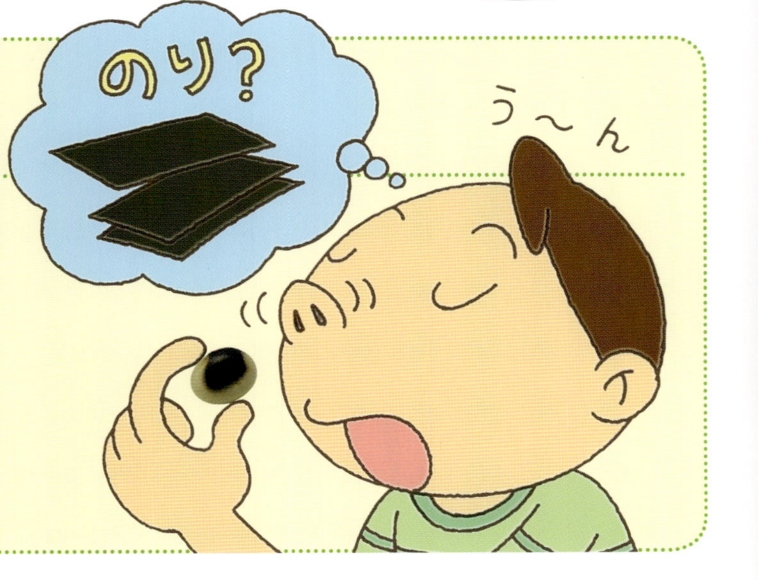

青大豆《あおだいず》の品種《ひんしゅ》のひとつで、うすい緑色《みどりいろ》の皮《かわ》に黒いはん点がある豆を「くらかけ豆」といいます。そのもようが、馬の背《せ》にくらをかけたように見えることから名づけられました。「パンダ豆」とよばれることもあります。

この豆の大きな特徴《とくちょう》は、畑《はたけ》で育《そだ》つ豆なのに、海でとれるのりのような香《かお》りがすることです。この香《かお》りを楽しむために、おもに塩《しお》ゆでやひたし豆のようなシンプルな味《あじ》つけで食べられます。

青大豆《あおだいず》

あまみが強く、お菓子《かし》やとうふに加工《かこう》

青大豆《あおだいず》は緑色《みどりいろ》の豆で、熟《じゅく》しても黄大豆《きだいず》のように黄色くはなりません。寒《さむ》い気候《きこう》の地域《ちいき》でよく栽培《さいばい》されています。あまみが強い品種《ひんしゅ》が多く、おもにとうふ、豆菓子《まめがし》やきな粉《こ》の材料《ざいりょう》として利用《りよう》されます。とうふに加工《かこう》すると、風味《ふうみ》の豊《ゆた》かなうす緑色《みどりいろ》のとうふになります。

▲青大豆《あおだいず》を加工《かこう》してつくられたとうふ。

あやみどり

長野県《ながのけん》でつくられた新しい品種《ひんしゅ》で、関《かん》東《とう》地方から近畿《きんき》地方で栽培《さいばい》されている。とうふや豆菓子《まめがし》に加工《かこう》される。

秘伝豆《ひでんまめ》

大つぶで、豆のへそが白いのが特《とく》徴《ちょう》。山形県《やまがたけん》で古くから栽培《さいばい》されている。香《かお》りとあまみが強く、煮豆《にまめ》に使《つか》われるほか、とうふやみそにも加工《かこう》される。

キヨミドリ

つぶがやや大きい。九州《きゅうしゅう》地方で栽《さい》培《ばい》されている。あまみが強く、風味《ふうみ》の豊《ゆた》かなとうふに加工《かこう》される。

赤大豆《あかだいず》

うまみがつまった赤い大豆《だいず》

山形県《やまがたけん》や岡山県《おかやまけん》の一部《いちぶ》で食べられてきた生産量《せいさんりょう》の少ない大《だい》豆《ず》です。ほかの大豆《だいず》にくらべてうまみが強いので、煮豆《にまめ》にするとおいしく食べられます。

紅大豆《べにだいず》

山形県《やまがたけん》の一部《いちぶ》の地域《ちいき》で栽培《さいばい》されている。煮豆《にまめ》に使《つか》われる。

▼赤大豆《あかだいず》は皮《かわ》がうすく、煮豆《にまめ》にすると歯《は》ざわりがよくておいしい。

茶大豆《ちゃだいず》

豊《ゆた》かな香《かお》りのする枝豆《えだまめ》になる

山形県《やまがたけん》などで古くから食べられてきた大豆《だいず》で、今では全国《ぜんこく》に広まっています。熟《じゅく》す前の豆は豊《ゆた》かな香《かお》りがあり、枝豆《えだまめ》としてよく食べられています。

茶豆《ちゃまめ》

やや平《ひら》べったい形をしている。煮豆《にまめ》、豆乳《とうにゅう》やとうふに使《つか》われる。

▼茶豆《ちゃまめ》の枝豆《えだまめ》。山形県《やまがたけん》鶴岡市《つるおかし》の「だだちゃ豆《まめ》」が有名。

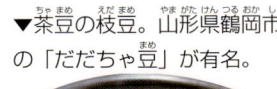

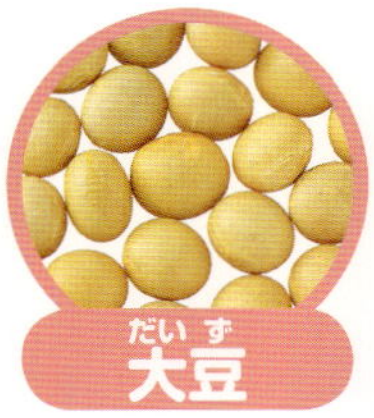

大豆《だいず》ができるまで

畑《はたけ》で栽培《さいばい》される大豆《だいず》は、どのように育《そだ》っていくのでしょうか。
大豆《だいず》の成長《せいちょう》を、農家《のうか》の人たちの仕事《しごと》といっしょに見てみましょう。

大豆《だいず》の成長《せいちょう》と農家《のうか》の仕事《しごと》

大豆《だいず》は畑《はたけ》で育《そだ》てる作物《さくもつ》です。畑《はたけ》に植《う》えられた大豆《だいず》の種《たね》（豆）は、土から養《よう》分《ぶん》を吸《す》い上げて苗《なえ》になり、太陽《たいよう》の光をあびて大きな株《かぶ》に成長《せいちょう》します。

大豆《だいず》の種類《しゅるい》にもよりますが、種《たね》まきから枝豆《えだまめ》の収穫《しゅうかく》まではおよそ3か月、熟《じゅく》した豆の収穫《しゅうかく》までは5〜6か月ほどかかります。畑《はたけ》で大豆《だいず》が成長《せいちょう》していくすがたと、農家《のうか》の人たちの農作業《のうさぎょう》のようすを、いっしょに見てみましょう。

農作業《のうさぎょう》のようす

大豆《だいず》の成長《せいちょう》とともに、大豆《だいず》農家《のうか》の人たちがどのような作業《さぎょう》をするか、見てみましょう。

▲人の手による種《たね》まき。一列《いちれつ》にならんでおこなう。

▲トラクターによる種《たね》まき。種《たね》まき機《き》を使《つか》って、自動《じどう》でおこなう。

大豆《だいず》の成長《せいちょう》

種《たね》をまいてから豆が熟《じゅく》すまで、大豆《だいず》の成長《せいちょう》を追《お》ってみましょう。

①芽《め》が出る

畑《はたけ》にまかれた種《たね》は、土の中の水分を吸《す》ってふくらむ。種《たね》の中の根《ね》になる部分《ぶぶん》がのびて、子葉《しよう》を土の上におし上げる（発《はつ》芽《が》）。茎《くき》になる部分《ぶぶん》が成長《せいちょう》してのびていくとともに、子葉《しよう》がひらいていく。

◀土から出たばかりの子葉《しよう》。

②葉《は》がひらく

子葉《しよう》にたくわえられている養分《ようぶん》を使《つか》って成長《せいちょう》し、葉《は》がひらく。

▶葉《は》がひらいた直後《ちょくご》の大豆《だいず》の苗《なえ》。

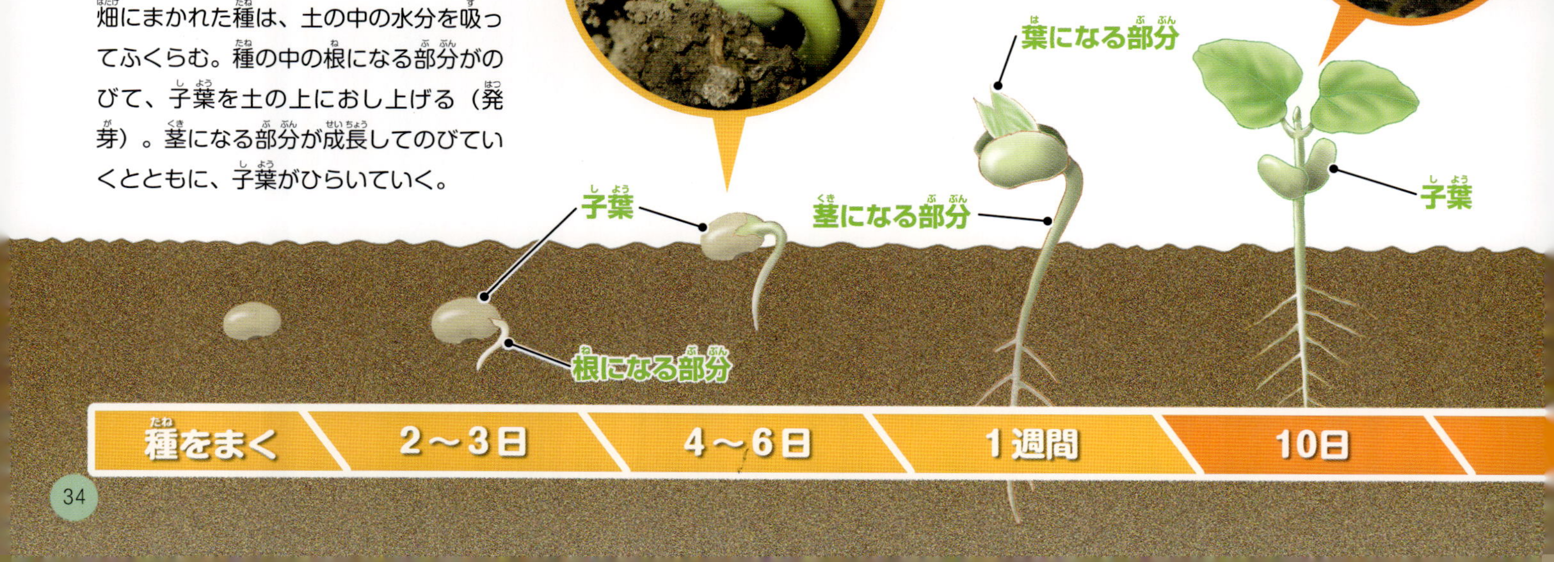

▲トラクターで苗《なえ》と苗《なえ》のあいだをたがやす。土の中に空気が入り、苗《なえ》の成長《せいちょう》がよくなる。また、雑草《ざっそう》もとりのぞくことができる。

▲ラジコンヘリを使《つか》って、効率《こうりつ》よく農薬《のうやく》をまく。大豆《だいず》は病気《びょうき》や害虫《がいちゅう》に弱いので、農薬《のうやく》で予防《よぼう》する。

③茎《くき》がのびて、葉《は》がふえる

茎《くき》がのびるにしたがって、葉《は》もふえていく。土の中では、根《ね》の一部《いちぶ》が変形《へんけい》して、こぶのようなもの(根粒《こんりゅう》)ができる。

根《ね》にすみつくはたらきもの

マメのなかまの植物《しょくぶつ》の根《ね》にできる根粒《こんりゅう》には、根粒菌《こんりゅうきん》という微生物《びせいぶつ》がすみついています。

根粒菌《こんりゅうきん》は、土にふくまれる空気中のちっ素《そ》を、植物《しょくぶつ》が吸収《きゅうしゅう》できる形にして根粒《こんりゅう》にたくわえるはたらきがあります。このはたらきのおかげで、マメのなかまの植物《しょくぶつ》は、成長《せいちょう》になくてはならないちっ素《そ》を効率的《こうりつてき》にとりこむことができるのです。

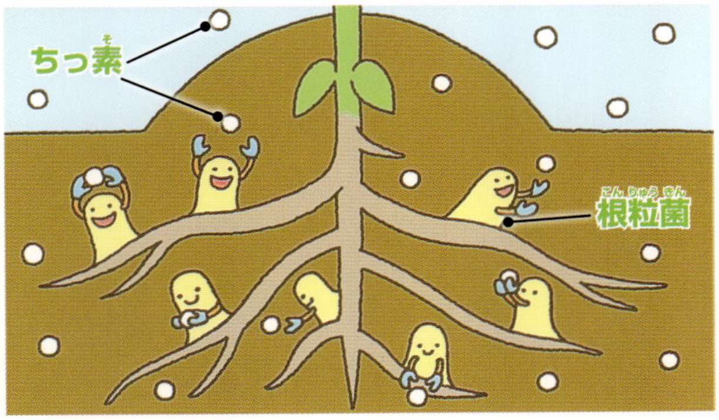

▲根粒菌《こんりゅうきん》は大豆《だいず》の根《ね》から栄養《えいよう》をもらうかわりに、ちっ素《そ》を植物《しょくぶつ》が吸収《きゅうしゅう》しやすい形に変《か》えて、大豆《だいず》の成長《せいちょう》を助《たす》ける。

▶枝豆《えだまめ》の収穫《しゅうかく》。さやをひとつずつとるのではなく、コンバインで大豆《だいず》の株《かぶ》を根《ね》もとから刈《か》りとる。

④花が咲《さ》き、さやがふくらむ

大豆《だいず》の株《かぶ》（成長《せいちょう》した苗《なえ》）が、花を咲《さ》かせる。花のおしべの花粉《かふん》がめしべにつき（受粉《じゅふん》）、花《はな》の根《ね》もとがふくらんでさやになる。さやの中に豆ができて、ゆっくりと育《そだ》っていく。

◀大豆《だいず》の花は小さく、うすい紫《むらさき》色《いろ》か白色。

◀できたばかりの大豆《だいず》のさや。

▼豆が大きくなり、ふくらんだ大豆《だいず》のさや。

▶豆の収穫《しゅうかく》。熟《じゅく》しきって豆がとびだす前に収穫《しゅうかく》する。刈《か》りとった大豆《だいず》の株《かぶ》は、コンバインの内部《ないぶ》にためられる。

⑤株《かぶ》がかれて、豆が熟《じゅく》す

枝豆《えだまめ》の時期《じき》をすぎると、さやの中の豆は熟《じゅく》しはじめ、ゆっくりとかたくなっていく。大豆《だいず》の株全体《かぶぜんたい》がかれて茶色になると、乾燥《かんそう》したさやがひらいて、熟《じゅく》した豆がとびだす。

育《そだ》ててみよう！

畑《はたけ》で大豆《だいず》を栽培《さいばい》する

畑《はたけ》で大豆《だいず》を育《そだ》てるのは時間と手間がかかりますが、大豆《だいず》の成長《せいちょう》を観察《かんさつ》できて、自分で育《そだ》てた枝豆《えだまめ》や豆を収穫《しゅうかく》することができます。

大豆《だいず》の栽培《さいばい》は品種選《ひんしゅえら》びから

大豆《だいず》は荒《あ》れた畑《はたけ》でも育《そだ》つじょうぶな作物《さくもつ》ですが、栽培《さいばい》して多くの豆を収穫《しゅうかく》するためには、品種選《ひんしゅえら》びがたいせつです。大豆《だいず》は品種《ひんしゅ》ごとに、栽培《さいばい》に適《てき》した気候《きこう》や栽培時期《さいばいじき》がことなります。適切《てきせつ》な品種《ひんしゅ》を選《えら》ばないと、豆の実《みの》りが少なくなってしまいます。農家《のうか》や園芸店《えんげいてん》の人に相談《そうだん》して、栽培《さいばい》に適《てき》した大豆《だいず》の種《たね》（豆）を用意《ようい》しましょう。

▲地域《ちいき》の気候《きこう》や栽培《さいばい》する時期《じき》にあった品種《ひんしゅ》を選《えら》べば、大豆《だいず》の苗《なえ》はすくすくと育《そだ》ちます。

大豆《だいず》の品種《ひんしゅ》の３つのグループ

大豆《だいず》の品種《ひんしゅ》は、夏大豆《なつだいず》、中間大豆《ちゅうかんだいず》、秋大豆《あきだいず》の3つのグループにわけることができる。学校で育《そだ》てるときには、中間大豆《ちゅうかんだいず》がよく選《えら》ばれている。

夏大豆《なつだいず》（早生品種《わせひんしゅ》）

種《たね》まき:4月ごろ→収穫《しゅうかく》:10月ごろ

暑《あつ》くなる夏に大きく育《そだ》つ品種《ひんしゅ》。寒冷《かんれい》な気候《きこう》の地域《ちいき》での栽培《さいばい》にむいている。

中間大豆《ちゅうかんだいず》（中生品種《なかてひんしゅ》）

種《たね》まき:5月ごろ→収穫《しゅうかく》:10月ごろ

夏大豆《なつだいず》と秋大豆《あきだいず》の中間の性質《せいしつ》をもつ品種《ひんしゅ》。温暖《おんだん》な気候《きこう》の地域《ちいき》での栽培《さいばい》にむいている。

秋大豆《あきだいず》（晩生品種《おくてひんしゅ》）

種《たね》まき:6月ごろ→収穫《しゅうかく》:11月ごろ

日が短《みじか》くなる秋に大きく育《そだ》つ品種《ひんしゅ》。温暖《おんだん》な気候《きこう》の地域《ちいき》での栽培《さいばい》にむいている。

プランターでも栽培《さいばい》できる！

学校や家に畑《はたけ》がない場合は、プランターで育《そだ》てる方法《ほうほう》があります。プランター栽培《さいばい》に必要《ひつよう》なものは、ホームセンターや園芸店《えんげいてん》などで買うことができます。プランター栽培《さいばい》での土づくり、種《たね》まき、苗《なえ》のまびきの方法《ほうほう》については、121～122ページを参考《さんこう》にしましょう。

プランターの選《えら》び方《かた》

大豆《だいず》の苗《なえ》を複数育《ふくすうそだ》てる場合は、はばが60cmほどで深《ふか》さが20cm以上《いじょう》あるものを選《えら》ぶ。ひと株《かぶ》だけであれば、大きめの丸い植木鉢《うえきばち》でもよい。

土と肥料《ひりょう》

園芸店《えんげいてん》に売っている培用土《ばいようど》に、苦土石灰《くどせっかい》などの肥料《ひりょう》をまぜて使《つか》う。

水やり

土が乾燥《かんそう》しやすいので、こまめに水をやる。とくに、屋内《おくない》で栽培《さいばい》する場合は、かならず毎日水をやる。

1 栽培《さいばい》計画を立てる　4月中旬《ちゅうじゅん》

　もっとも多く栽培《さいばい》されている中間大豆《ちゅうかんだいず》を選《えら》び、まずは栽培《さいばい》計画を立てましょう。大豆《だいず》の成長《せいちょう》にあわせて、やらなくてはいけない作業《さぎょう》や手入れが決《き》まっています。種《たね》まきから収穫《しゅうかく》まで、おおまかな予定《よてい》を考えておきます。

2 栽培《さいばい》の準備《じゅんび》をする　4月下旬《げじゅん》

　畑《はたけ》の広さや参加《さんか》する人数を考えて、必要《ひつよう》なものをそろえていきます。準備《じゅんび》ができたら、一人ひとりがどんな作業《さぎょう》をするかも決《き》めておくとよいでしょう。

大豆《だいず》の栽培《さいばい》に必要《ひつよう》なもの

大豆《だいず》栽培《さいばい》のカレンダー

種《たね》まきから熟《じゅく》した豆を収穫《しゅうかく》するまでの大豆《だいず》の栽培期間《さいばいきかん》は、おおよそ90～170日です。このカレンダーは、あたたかい気候《きこう》の地域《ちいき》で中間大豆《ちゅうかんだいず》を無農薬《むのうやく》で栽培《さいばい》する計画の例《れい》です。

4月
- 1 栽培《さいばい》計画を立てる
- 2 栽培《さいばい》の準備《じゅんび》をする

5月
- 3 畑《はたけ》をたがやす →40ページ
- 4 種《たね》をまく →40ページ
- 5 鳥から芽《め》を守《まも》る →41ページ

6月
- 6 苗《なえ》をまびく →42ページ
- 7 畑《はたけ》の手入れをする（1回目） →42ページ
- 8 新芽《しんめ》をつむ →43ページ
- 9 畑《はたけ》の手入れをする（2回目） →43ページ

7月
- 10 開花《かいか》した株《かぶ》に水を多めにやる →43ページ
- 11 虫からさやを守《まも》る →44ページ

8月
- 12 枝豆《えだまめ》を収穫《しゅうかく》する →44ページ

9月

まめに畑《はたけ》をチェックする

　枝豆《えだまめ》の収穫《しゅうかく》から熟《じゅく》した豆の収穫《しゅうかく》まではおよそ2か月ほどかかります。そのあいだはとくに作業《さぎょう》はありませんが、株《かぶ》に水をやったり、雑草《ざっそう》をとったりして、大豆畑《だいずばたけ》の手入れをしましょう。

10月
- 13 熟《じゅく》した豆を収穫《しゅうかく》する →45ページ

※カレンダーはめやすで、地域《ちいき》や品種《ひんしゅ》によって栽培期間《さいばいきかん》がことなります。

3 畑《はたけ》をたがやす 5月上旬《じょうじゅん》

種《たね》まきの2週間ほど前におこないます。土に肥料《ひりょう》をまぜて、くわやスコップを使《つか》って15cmほどの深《ふか》さまでたがやします。石や作物《さくもつ》の根《ね》などがあったらとりのぞき、土のかたまりをくずしてやわらかくします。

畑《はたけ》をたがやしたら、次《つぎ》は「うね」をつくります。うねをつくる部分《ぶぶん》に土を集《あつ》めて、くわなどで形をととのえます。

うね

細長く直線状《ちょくせんじょう》に土を盛《も》った部分《ぶぶん》のこと。畑《はたけ》の水はけをよくする効果《こうか》がある。雨がふっても作物《さくもつ》のまわりに水がたまらなくなるので、根《ね》がくさるのをふせぐことができる。

なぜ？ 種《たね》をいくつも入れるのは、どうして？

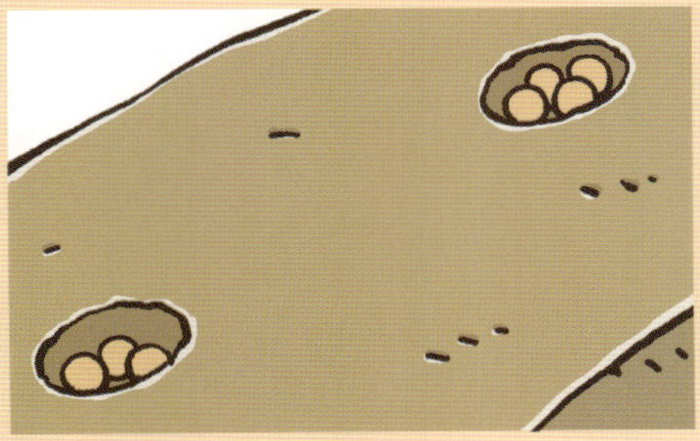

畑《はたけ》にまいた種《たね》は、すべてがかならず発芽《はつが》するわけではありません。3～4つぶをまいておけば、発《はつ》芽《が》しない種《たね》があっても、残《のこ》りの種《たね》から芽《め》が出るのです。

4 種《たね》をまく 5月中旬《ちゅうじゅん》

うねに深《ふか》さ3cmほどの穴《あな》をほり、種《たね》を3～4つぶずつ入れ、やわらかく土をかけます。穴《あな》と穴《あな》のあいだは、15cmほどあけましょう。

種《たね》をまきおわったら、穴《あな》のまわりにたっぷりと水をやります。土が乾燥《かんそう》すると芽《め》が出にくくなるので、こまめに水をやりましょう。

5 鳥から芽《め》を守《まも》る 5月下旬《げじゅん》

大豆《だいず》の芽《め》は、ハトやカラス、スズメなどの大好物《だいこうぶつ》です。せっかく出た芽《め》をすべて食べられてしまうこともあります。下の例《れい》を参考《さんこう》にして、鳥よけの方法《ほうほう》をいろいろと試《ため》してみましょう。

▶発芽《はつが》したばかりの大豆《だいず》の芽《め》。鳥は、大豆《だいず》の芽《め》のうち、とくに栄養《えいよう》が多い子葉《しよう》を好《この》んで食べる。

寒冷紗《かんれいしゃ》でうねをおおう

寒冷紗《かんれいしゃ》は大きくて目の細かいあみで、アーチ型《がた》のスチールパイプと組みあわせて使《つか》う。うねをおおって、作物《さくもつ》をねらう鳥や虫を寄《よ》せつけない。また、暑《あつ》さや寒《さむ》さ、大雨や強風から芽《め》を守《まも》るはたらきもある。

▼うねをまたぐようにして、等間《とうかん》隔《かく》にスチールパイプを立てる。

▲上から寒冷紗《かんれいしゃ》をかけ、石などで重《おも》しをする。

ひもをはりめぐらせる

うねのすみに棒《ぼう》を立て、そこにひもをはりめぐらせる。ひもがじゃまして、鳥が近づきにくくなる。

植《う》えかえをおこなう

鳥は、おもにやわらかい芽《め》をねらうので、ある程度《ていど》育《そだ》つまでは、屋内《おくない》などでビニールポットに入れて育《そだ》てる。葉《は》が数まい出はじめたら、畑《はたけ》に植《う》えかえる。

穴《あな》あきコップで守《まも》る

苗《なえ》が少ない場合は、プラスチックのとうめいなコップの底《そこ》に直径《ちょっけい》2cmほどの穴《あな》をあけ、苗《なえ》の上にかぶせてもよい。

◀コップのふちを深《ふか》めに土にうめる。

6 苗《なえ》をまびく　6月上旬《じょうじゅん》

ひとつの穴《あな》から出てくる苗《なえ》のうち、しっかり育《そだ》ってじょうぶそうな苗《なえ》を2本選《えら》び、残《のこ》りの苗《なえ》は根《ね》もとから切りとります。これは、畑《はたけ》の養分《ようぶん》のとりあいや、せまい場《ば》所《しょ》でおたがいの成長《せいちょう》をじゃまするのをふせぐためです。

7 畑《はたけ》の手入れをする（1回目）　6月上旬《じょうじゅん》

苗《なえ》が成長《せいちょう》してきたら、うねとうねのあいだをたがやします（中耕《ちゅうこう》）。土がやわらかくなり、空気がよく通るようになるので、成長《せいちょう》がよくなります。雑草《ざっそう》もとりのぞけます。

つぎに、たがやした土を使《つか》い、株《かぶ》の根《ね》もとの部分《ぶぶん》に土を盛《も》ります（培土《ばいど》）。葉《は》や枝《えだ》が多くなって、株《かぶ》が根《ね》もとから折《お》れてたおれるのをふせぐことができます。

時期《じき》のめやす

葉《は》が数まい出てきたころに、畑《はたけ》の手入れをする（種《たね》まきから約《やく》3週間後）。

うねの雑草《ざっそう》とりもわすれずに！

うねの部分《ぶぶん》はたがやさないので、何もしないと雑草《ざっそう》だらけになってしまいます。株《かぶ》の根《ね》もとの雑草《ざっそう》を手でぬきましょう。

▲雑草《ざっそう》は畑《はたけ》の養分《ようぶん》をうばう。

8 新芽《しんめ》をつむ 7月上旬《じょうじゅん》

大豆《だいず》の苗《なえ》は、成長《せいちょう》すると上へのびていきます。ある程度《ていど》の高さになったら、茎《くき》の先のほうにある新芽《しんめ》をはさみで切り落《お》とします。すると、葉《は》のつけ根《ね》の部分《ぶぶん》から新しい芽《め》（わき芽《め》）が出てきて、枝葉《えだは》が横《よこ》に広がっていくようになります。

▶新芽《しんめ》の先のほうをもって、芽《め》をつけ根《ね》から切る。

9 畑《はたけ》の手入れをする（2回目） 7月上旬《じょうじゅん》

開花《かいか》がはじまる前に、2回目の畑《はたけ》の手入れをおこないます。もう一度、うねとうねのあいだをたがやし、株《かぶ》の根《ね》もとに土を集《あつ》めて、うねを高くします。開花前《かいかまえ》に手入れをすることで、豆の成長《せいちょう》がよくなります。

時期《じき》のめやす

株《かぶ》が大きくなったら、花が咲《さ》く前に畑《はたけ》の手入れをする（種《たね》まきから約《やく》50日後）。

10 開花《かいか》した株《かぶ》に水を多めにやる 7月中旬《ちゅうじゅん》

種《たね》まきから2か月ほどたつと、花が咲《さ》きます。花が咲《さ》いて受粉《じゅふん》がおこなわれると、さやができてふくらみはじめます。この時期《じき》に土の中の水分がたりなくなると、さやができなかったり、さやの中で豆が育《そだ》たなかったりします。土が乾燥《かんそう》しないように、こまめに水をやりましょう。

▲大豆《だいず》の花。

▲ふくらみはじめたさや。

▲株《かぶ》の下の土にまんべんなく水をかける。花や葉《は》に直接《ちょくせつ》かけないように注意《ちゅうい》。

11 虫からさやを守《まも》る　7月下旬《げじゅん》

大豆《だいず》のさやがふくらんでくると、豆を食べる害虫《がいちゅう》が集《あつ》まってきます。とくに気をつけないといけないのは、ガの幼虫《ようちゅう》とカメムシです。

また、虫に食われたところから病気《びょうき》が発生《はっせい》することもあります。害虫《がいちゅう》を見つけたら、手でさわらずに、わりばしなどを使《つか》ってとりのぞきましょう。

ガの幼虫《ようちゅう》による被害《ひがい》

ガのなかまは、さやの中に卵《たまご》を産《う》みつける。さやの中でふ化《か》した幼虫《ようちゅう》は豆を食べて育《そだ》つため、収穫《しゅうかく》したときに虫食い豆になってしまう。

▲シロイチモジマダラメイガの幼虫《ようちゅう》。

カメムシによる被害《ひがい》

カメムシは、口の針《はり》でさやの中の豆の水分を吸《す》ったり、葉《は》を食べたりする。被害《ひがい》を受《う》けた豆は、変形《へんけい》したり、成長《せいちょう》できなかったりする。

▲被害《ひがい》を受《う》けた豆。　▶アオクサカメムシ。

12 枝豆《えだまめ》を収穫《しゅうかく》する　8月中旬《ちゅうじゅん》

栽培《さいばい》する品種《ひんしゅ》によりますが、枝豆《えだまめ》の収穫《しゅうかく》は種《たね》まきから90日前後がめやすです。さやをひとつずつとるのではなく、株《かぶ》を根《ね》もとから引きぬきます。熟《じゅく》した豆を収穫《しゅうかく》する株《かぶ》は、残《のこ》しておきましょう。

時期《じき》のめやす

さやの外側《そとがわ》から見て、中の豆の丸みがわかるくらいにふくらんでいたら、収穫《しゅうかく》できる。収穫《しゅうかく》がおそくなると、中の豆はどんどんかたくなってしまう。わかりづらければ、さやをひとつむいて、豆の大きさを確認《かくにん》してもよい。

▲ちょうどよい大きさに育《そだ》った枝豆《えだまめ》。

13 熟《じゅく》した豆を収穫《しゅうかく》する 10月中旬《ちゅうじゅん》

枝豆《えだまめ》の収穫《しゅうかく》から２か月ほどして、さやの中の豆が熟《じゅく》したら収穫《しゅうかく》します。根《ね》もとから株《かぶ》を引きぬき、根《ね》を切り落《お》として、ひもでむすんで束《たば》にします。柵《さく》やロープなどにつるして、２週間ほど乾燥《かんそう》させます。

豆がじゅうぶんに乾燥《かんそう》したら、さやからとりだします。棒《ぼう》でたたいたり、株《かぶ》ごとふんだりすると、さやがわれて、中から熟《じゅく》した豆が出てきます。

3～4株《かぶ》をたばねて、たたいていく。たたきおわったら、豆を拾《ひろ》い集《あつ》める。
けがをしないように、よごれていないくつをはく。豆をつぶさないように注意《ちゅうい》して、足ぶみするようにゆっくりふむ。

時期《じき》のめやす

葉《は》が落《お》ちて、茶色くなった大豆《だいず》の株《かぶ》をゆらしてみる。さやの中で豆が動《うご》く音が聞こえたら、豆をとりだせる。

▲収穫《しゅうかく》されて、柵《さく》につるされた大豆《だいず》の株《かぶ》の束《たば》。

熟《じゅく》した豆がとれた！

つくってみよう!

枝《えだ》豆《まめ》を使《つか》った料《りょう》理《り》

枝《えだ》豆《まめ》は、日本の夏にかかせない食べものです。
豆のうまみがたっぷりで、栄《えい》養《よう》も豊《ほう》富《ふ》です。

枝《えだ》豆《まめ》の塩《しお》ゆで

枝《えだ》豆《まめ》は、さっと塩《しお》ゆでするのがおいしい食べ方《かた》です。枝《えだ》豆《まめ》という名前も、枝《えだ》をつけたままでゆでることが多かったことから名づけられたといわれています。

材《ざい》料《りょう》

・枝豆《えだまめ》…250g　・塩《しお》…40g　・水…1リットル

1 枝《えだ》豆《まめ》のさやを切る

枝豆《えだまめ》のさやの両《りょう》はしをはさみで切り落《お》とす。

▲はしから5mmほどを切り落《お》とす。

▲もう片方《かたほう》も切り落《お》とす。

2 枝《えだ》豆《まめ》を洗《あら》う

枝《えだ》豆《まめ》をざるに入れて、水でごみやよごれを洗《あら》い流《なが》す。

3 枝《えだ》豆《まめ》を塩《しお》もみする

枝豆《えだまめ》をボウルにうつし、塩《しお》（10g）をふりかける。全体《ぜんたい》にいきわたるよう、手でもみこむ。

4 お湯《ゆ》をわかして、塩《しお》を入れる

なべで水（1リットル）をふっとうさせ、塩《しお》（30g）を入れてとかす。

5 枝《えだ》豆《まめ》をゆでる

なべに枝豆《えだまめ》を入れて、3分半〜4分ゆでる。

6 ざるにあげて、水けをきる

枝豆《えだまめ》をひとつとりだしてゆでかげんを調《しら》べる。ゆで汁《じる》ごとざるにあげて、水けをきる。

ほんの少しかたいくらいが、
ゆであがりのめやす！

7 熱《ねつ》をさます

水に入れてさますとうまみが流《なが》れでてしまうので、うちわなどであおいで、枝豆《えだまめ》をさます。

大豆《だいず》

日本の大豆料理《だいずりょうり》

豆を使《つか》った料理《りょうり》のうち、とくに多くの人に食べられているのが大豆料理《だいずりょうり》です。各地《かくち》で古くから食べられている郷土料理《きょうどりょうり》もたくさんあります。

知恵《ちえ》がつまった豆料理《まめりょうり》

熟《じゅく》して乾燥《かんそう》した豆は、そのままでは食べることができません。豆そのものがかたいうえに、いやなにおいがあったり、からだによくない成分《せいぶん》がふくまれていたりするのです。

しかし、火を通して加熱《かねつ》することで、豆はやわらかくなり、においやからだによくない成分《せいぶん》がなくなります。豆を煮《に》たり、炒《い》ったりするのは、おいしくするためだけではなく、安全《あんぜん》に豆を食べるための人間の知恵《ちえ》なのです。

大豆《だいず》は、ほかの豆にくらべて豆そのものを食べることが多いので、煮物《にもの》だけでもさまざまな種類《しゅるい》の料《りょう》理《り》があります。また、地域《ちいき》ならではの郷土料理《きょうどりょうり》も多いので、自分のくらしている地域《ちいき》にどんな豆の料理《りょうり》があるのか調《しら》べてみましょう。

日本中で食べられている大豆料理《だいずりょうり》

ふだんの食事《しょくじ》で食べられることが多い、一般的《いっぱんてき》な大豆料理《だいずりょうり》です。

五目豆《ごもくまめ》

大豆《だいず》を、にんじんやごぼう、れんこん、こんにゃくなどといっしょに煮《に》た料理《りょうり》です。日本全国《ぜんこく》で食べられています。

黒豆《くろまめ》

お正月のおせち料理《りょうり》にかかせない、ほんのりあまい黒大豆《くろだいず》の煮豆《にまめ》です。147ページでつくり方《かた》を紹介《しょうかい》しています。

豆ごはん

大豆《だいず》を入れてごはんを炊《た》くだけで、豆を事前《じぜん》に水でもどしておく必要《ひつよう》はありません。かんたんに豆の栄養《えいよう》をとれる料理《りょうり》です。

大豆《だいず》の郷土料理《きょうどりょうり》

日本全国《ぜんこく》には、地域《ちいき》の特産物《とくさんぶつ》を材料《ざいりょう》に使《つか》ったり、古くから伝《つた》わる調理法《ちょうりほう》でつくられたりした、大豆《だいず》の郷土料理《きょうどりょうり》がたくさんあります。

青森県《あおもりけん》　豆しとぎ

しとぎは、米粉《こめこ》（お米《こめ》をつぶした粉《こな》）でつくったもちのことで、豆しとぎはそこにゆでた大豆《だいず》をすりつぶしてくわえたもの。あまみの強い青大豆《あおだいず》がよく使《つか》われている。焼《や》くと香《こう》ばしさが増《ま》し、あまみが引き立つ。

北海道《ほっかいどう》　豆づけ

枝豆《えだまめ》のつけもので、かためにゆでた枝豆《えだまめ》をさやごと塩水《しおみず》につける。北海道《ほっかいどう》のほかに、東《とう》北《ほく》地方の一部《いちぶ》でも食べられている。

栃木県《とちぎけん》　しもつかれ

お正月に使《つか》った塩《しお》じゃけの頭の残《のこ》り、節分《せつぶん》の炒《い》り大豆《だいず》のあまり、野《や》菜《さい》の切れはしなどに、だいこんおろしや酒《さけ》かすをくわえて煮《に》こんだ料理《りょうり》。栃木県《とちぎけん》を中心とした北関東《きたかんとう》地方で食べられている。

宮城県《みやぎけん》　ずんだもち

→51ページ

高知県《こうちけん》　ちゅん豆

→50ページ

福井県《ふくいけん》　打《う》ち豆汁《まめじる》

打《う》ち豆《まめ》は、水につけておいた大豆《だいず》を石うすの上にのせて、木づちでつぶしたもの。打《う》ち豆汁《まめじる》は打《う》ち豆《まめ》を使《つか》った具《ぐ》だくさんのみそ汁《しる》で、だいこん、にんじん、さといも、ごぼうなど、たくさんの野菜《やさい》が入っている。

熊本県《くまもとけん》　座禅豆《ざぜんまめ》

大豆《だいず》を砂糖《さとう》としょうゆ、塩《しお》であまめに味《あじ》つけして、水分がなくなるまで煮《に》つめたもの。座禅《ざぜん》をする前のお坊《ぼう》さんが、尿《にょう》を止めるために食べたといわれている。

奈良県《ならけん》　奈良茶《ならちゃ》めし

奈良茶《ならちゃ》めしは、豆の炊《た》きこみごはんのひとつで、奈良県《ならけん》のお寺のお坊《ぼう》さんが食べていたといわれている。少なめのお米に、大豆《だいず》やあずき、くりやあわなどをくわえて、塩《しお》で味《あじ》つけしたお茶でごはんを炊《た》く。

※同じような郷土料理《きょうどりょうり》が、ほかの都道府県《とどうふけん》にもある場合があります。

つくってみよう!

大豆《だいず》の郷土料理《きょうどりょうり》

大豆《だいず》の郷土料理《きょうどりょうり》のうち、身近《みぢか》な材料《ざいりょう》でつくれるものを紹介《しょうかい》します。手軽《てがる》でおいしい大豆料理《だいずりょうり》に、チャレンジしてみましょう。

ちゅん豆（高知県《こうちけん》）

炒《い》った大豆《だいず》をつゆに入れて、ひと晩《ばん》つけておくだけの、かんたんな大豆料理《だいずりょうり》です。大豆《だいず》をつゆにつけたときの「ちゅん」という音が名前の由来《ゆらい》です。

材《ざい》料《りょう》

・大豆《だいず》…１カップ

〈つゆの材料《ざいりょう》〉

・水…１カップ　・しょうゆ…4分の1カップ　・砂糖《さとう》…大さじ１

・みりん…大さじ１　・花かつお…３g

1 つゆをつくる

つゆの材料《ざいりょう》をすべてなべに入れて、中火で加《か》熱《ねつ》する。一度煮立《いちどにた》ったら弱火にして、そのままあたためておく。

2 大豆《だいず》を炒《い》る

フライパンに大豆《だいず》を入れ、皮《かわ》がはじけて焼《や》き色がつくまで炒《い》る。

大豆《だいず》は水洗《みずあら》いせず、フライパンに油《あぶら》はひかない。

3 つゆにつける

つゆに、炒《い》った大豆《だいず》を入れる。火を止めて、あわ立たなくなるまでさます。つゆがはねないよう、気をつける。

4 容器《ようき》にうつしてつける

大豆《だいず》とつゆを、なべからビンなどの容器《ようき》にうつしかえて、ふたをする。ひと晩《ばん》ほどつけると食べごろ。冷蔵庫《れいぞうこ》で保存《ほぞん》すれば、１か月ほどもつ。

▶ひと晩《ばん》つけたちゅん豆。

ずんだもち（宮《みや》城《ぎ》県《けん》）

ずんだは、ゆでた枝豆《えだまめ》をすりつぶしてつくる緑色《みどりいろ》のあんのことです。あまいずんだを、おもちにからめて食べます。ここでは、市販《しはん》の切りもちを使《つか》ったつくり方《かた》を紹介《しょうかい》します。

材《ざい》料《りょう》

・切りもち…4個《こ》　・枝豆《えだまめ》（さやつき）…400g
・砂糖《さとう》…50g　・塩《しお》…ひとつまみ　・水または牛乳《ぎゅうにゅう》…大さじ3

1 枝豆《えだまめ》をゆでる

なべにたっぷりのお湯《ゆ》をわかし、枝豆《えだまめ》をゆでる。お湯《ゆ》に塩《しお》（ひとつまみ、材料《ざいりょう》とは別《べつ》）を入れると、あざやかな色にゆであがる。

ゆで時間は3分半～4分。ゆですぎに注意《ちゅうい》。

2 豆のうす皮《かわ》をむく

ゆでた枝豆《えだまめ》をざるに入れて、水けをきる。少しさましてから、さやから豆をとりだし、豆のうす皮《かわ》をむく。

3 豆をすりつぶす

豆をすり鉢《ばち》に入れて、すりこぎですりつぶす。つぶつぶした感《かん》じが残《のこ》るくらいがよいので、つぶしすぎないように。

▲すり鉢《ばち》をおさえてもらい、両手《りょうて》を使《つか》うとすりつぶしやすい。

4 もちをあたためる

水でぬらした切りもちを、食べやすい大きさに切りわけ、耐熱皿《たいねつざら》にのせて電子レンジであたためる。

もちをぬらしておくと、皿《さら》にくっつきにくくなるよ！

5 味《あじ》つけをして、もちをあえる

すり鉢《ばち》に砂糖《さとう》、水（または牛《ぎゅう》乳《にゅう》）、塩《しお》をくわえ、木べらでまぜあわせる。ずんだをボウルにうつして、もちとあえる。

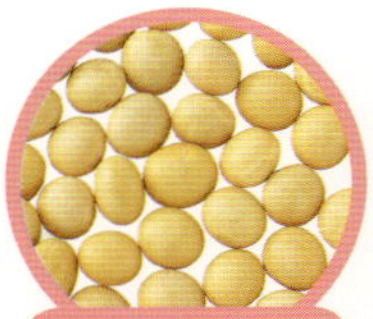

大豆《だいず》の
加工食品《かこうしょくひん》

大《だい》豆《ず》の大《だい》変《へん》身《しん》

大豆《だいず》は、豆の中でも加工食品《かこうしょくひん》の種類《しゅるい》がもっとも多く、
どれもわたしたちの毎日の食事《しょくじ》にかかせないものばかりです。

大豆《だいず》が加工食品《かこうしょくひん》になるまで

大豆《だいず》は、炒《い》ったり、煮《に》たり、蒸《む》したりすることで、
さまざまな加工食品《かこうしょくひん》に変《か》わります。

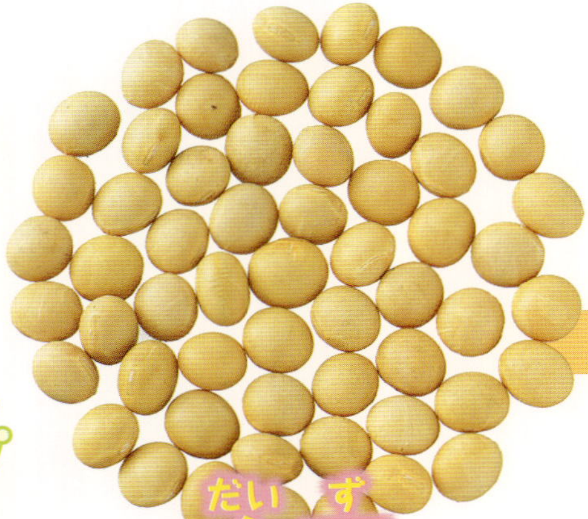

大豆《だいず》

水でもどす・蒸《む》す・煮《に》る

しぼる

大豆油《だいずゆ》

→84ページ

炒《い》る

炒《い》り豆《まめ》

→142ページ

くだく

きな粉《こ》

→86ページ

味《あじ》をつける

煮豆《にまめ》

→146ページ

しぼる

豆乳《とうにゅう》
→54ページ

おから
→56ページ

加熱《かねつ》する

ゆば
→57ページ

かためる

とうふ →58ページ

焼《や》く

焼《や》きどうふ
→65ページ

こおらせる・乾燥《かんそう》させる

こおりどうふ
→65ページ

揚《あ》げる

生揚《なまあ》げ
→64ページ

油揚《あぶらあ》げ
→64ページ

がんもどき
→64ページ

発酵《はっこう》させる

なっとう
→68ページ

みそ
→74ページ

しょうゆ
→78ページ

大豆《だいず》の
加工食品《かこうしょくひん》

豆《とう》乳《にゅう》

大豆《だいず》をしぼってつくる豆乳《とうにゅう》は、栄養《えいよう》が豊富《ほうふ》にふくまれる健康的《けんこうてき》な飲《の》みものです。豆乳《とうにゅう》から、とうふやゆばをつくることができます。

人気の飲《の》みものになった豆乳《とうにゅう》

　豆乳《とうにゅう》は、水をふくませた大豆《だいず》をすりつぶして、加熱《かねつ》してからしぼったものです。大豆《だいず》の栄養《えいよう》が豊富《ほうふ》にふくまれる豆乳《とうにゅう》ですが、豆の独特《どくとく》なくさみがあるために飲《の》みものとしての利用《りよう》は少なく、ほとんどがとうふやゆばに加工《かこう》されていました。

　しかし、豆のくさみを出さずに豆乳《とうにゅう》をつくる製法《せいほう》が広まったおかげで、豆乳《とうにゅう》を使《つか》ったいろいろな飲《の》みものがつくられるようになりました。

▶豆乳《とうにゅう》を飲《の》めば、豆を食べるよりも効率《こうりつ》よく、大豆《だいず》の栄養《えいよう》をとることができ、成長期《せいちょうき》の健康《けんこう》なからだづくりに役立《やくだ》ちます。

豆乳《とうにゅう》の種類《しゅるい》

豆乳《とうにゅう》のこさ（ふくまれる大豆《だいず》の成分《せいぶん》の量《りょう》）と、豆乳《とうにゅう》にくわえるものの種類《しゅるい》により、3種類《しゅるい》にわけることができます。

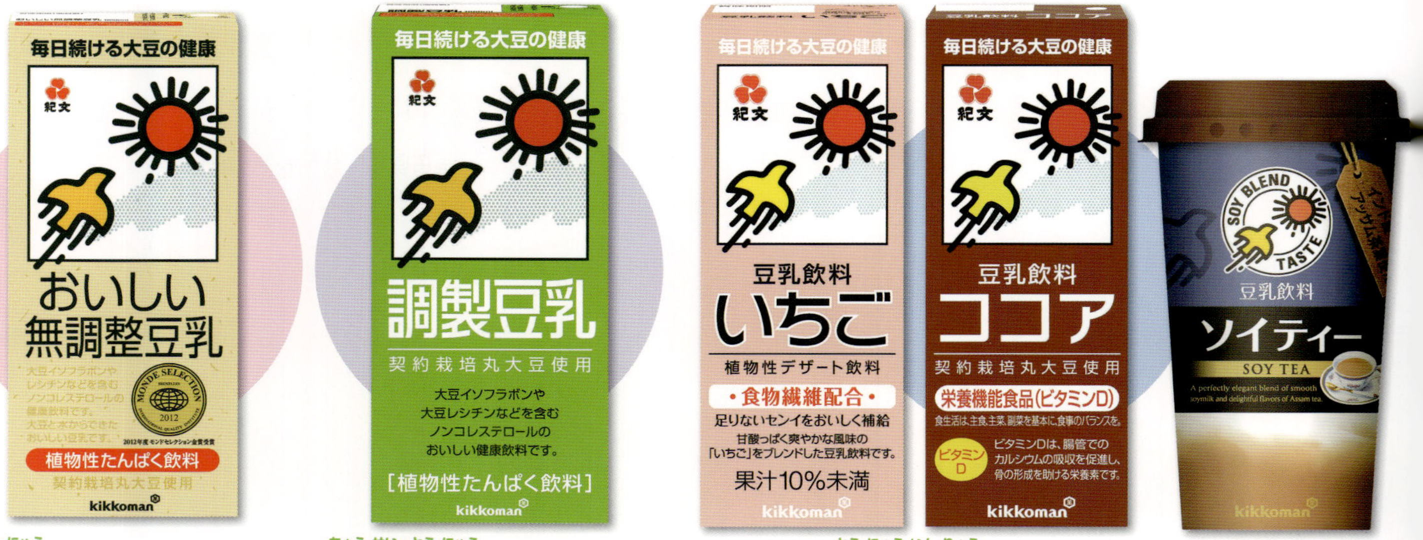

豆乳《とうにゅう》

何もくわえずに、大豆《だいず》と水だけでつくった豆乳《とうにゅう》。

調整豆乳《ちょうせいとうにゅう》

ややうすい豆乳《とうにゅう》。飲《の》みやすくするために、あまみや塩分《えんぶん》をくわえている。

豆乳飲料《とうにゅういんりょう》

うすめの豆乳《とうにゅう》。果汁《かじゅう》やコーヒー、紅茶《こうちゃ》などをくわえている。

こい　　豆乳《とうにゅう》のこさ　　うすい

豆乳《とうにゅう》ができるまで

大豆《だいす》に水をくわえてすりつぶし、加熱《かねつ》してからしぼり、豆乳《とうにゅう》とおからにわけます。

1 大豆《だいす》をすりつぶす

水につけてふくらませた大豆《だいず》を磨砕機《まさいき》に入れ、水をくわえながらすりつぶす。くわえる水の量《りょう》によって、仕上《しあ》がりの豆乳《とうにゅう》のこさが変《か》わる。

ふくらむ大豆《だいす》

水をすった大豆《だいす》は、2倍以上《ばいいじょう》にふくれる。

乾燥《かんそう》した大豆《だいず》。

水をふくんだ大豆《だいず》。

磨砕機《まさいき》のしくみ

磨砕機《まさいき》の中は、表面《ひょうめん》がざらざらした円形の石が回転《かいてん》している。ふたつの石にはさまれ、大豆《だいす》がすりつぶされる。

▲すりつぶされた大豆《だいず》は、どろどろとした「呉《ご》」になる。

呉《ご》ってなに？

大豆《だいず》に水をくわえてすりつぶしたものを「呉《ご》」といい、豆乳《とうにゅう》のもとになります。とくに、熱《ねつ》をくわえる前のものを「生呉《なまご》」といいます。

▲磨砕機《まさいき》から出てくる生呉《なまご》。

2 生呉《なまご》を加熱《かねつ》する

タンクに集《あつ》められた生呉《なまご》を、殺菌《さっきん》などのために加熱《かねつ》する。

▲ボイラーの蒸気《じょうき》を利用《りよう》して、熱《ねつ》をくわえる。

3 呉《ご》をしぼる

呉《ご》を機械《きかい》に入れてしぼり、豆乳《とうにゅう》とおからにわける。豆乳《とうにゅう》はタンクに集《あつ》められ、つめたい水で冷《ひ》やされる。

豆乳《とうにゅう》とおからをわける機械《きかい》のしくみ

機械《きかい》の中にはあみ、その中にスクリューがある。スクリューで呉《ご》をおしだしながら、豆乳《とうにゅう》だけをあみの外へしぼりだす。

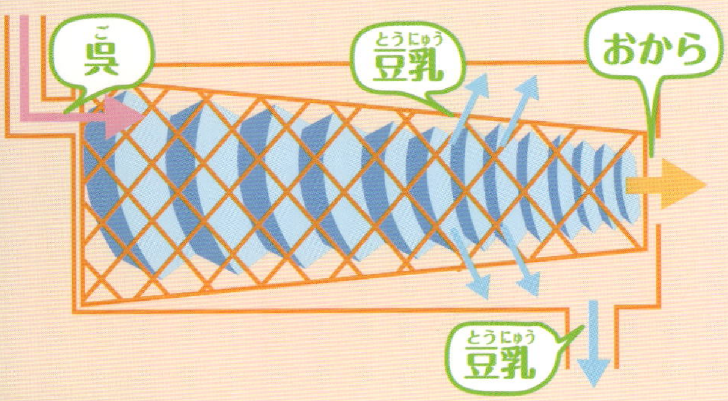

▲しぼりだされた豆乳《とうにゅう》（左《ひだり》）と、おから（右《みぎ》）。

▲できあがった豆乳《とうにゅう》。

おからも栄養《えいよう》がたっぷり

呉《ご》から豆乳《とうにゅう》をしぼりとったあとに残《のこ》るものを「おから」といいます。おからには大豆《だいず》の栄養《えいよう》が残《のこ》っているうえに、豆乳《とうにゅう》にはない食物《しょくもつ》せんいが多くふくまれている、健康《けんこう》によい食べものです。

白い色が、ウツギの木の花の色に似《に》ていることから、おからを「うの花」とよぶこともあります。

◀できたてのおから。白い色をしている。

▶おからを使《つか》った料理《りょうり》、うの花の煎《い》り煮《に》。炒《いた》めたにんじんやごぼう、ねぎ、干《ほ》ししいたけなどにおからをくわえて、水分がなくなるまで煮《に》たもの。

ゆば

豆乳《とうにゅう》を加熱《かねつ》すると、大豆《だいず》のタンパク質《しつ》と油分《ゆぶん》がかたまり、うすいまくができます。これをすくいとったものがゆばです。

ゆばは歴史《れきし》のある食べもの

ゆばは、鎌倉時代《かまくらじだい》のお坊《ぼう》さんが中国《ちゅうごく》から日本にもち帰ったものといわれています。当時、お坊《ぼう》さんは肉や魚を食べることができなかったので、大豆《だいず》のタンパク質《しつ》で栄養《えいよう》をおぎなっていました。

やがて、茶道《さどう》で出される料理《りょうり》にゆばが使《つか》われるようになり、多くの人がゆばを食べるようになりました。ゆばづくりは、お寺のまわりの町を中心に広まったので、京都府《きょうとふ》（京《きょう》ゆば）や栃木県日光市《とちぎけんにっこうし》（日光《にっこう》ゆば）などが、産地《さんち》として有名《ゆうめい》です。

ゆばの種類《しゅるい》

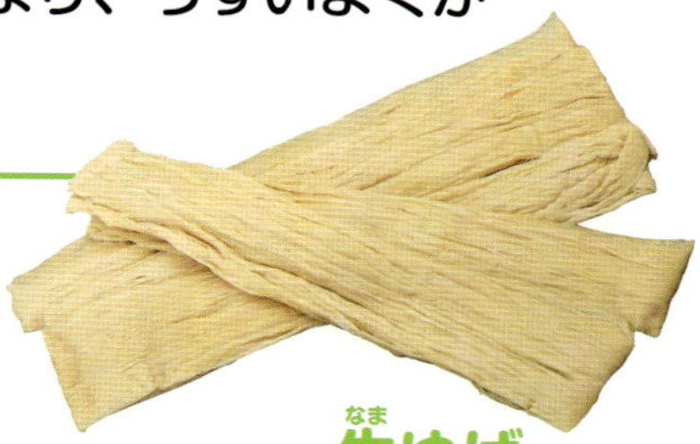

生《なま》ゆば

豆乳《とうにゅう》からすくいあげた、そのままのゆば。乾燥《かんそう》していないので、水分が多くやわらかい。

乾燥《かんそう》ゆば

生《なま》ゆばを乾燥《かんそう》させて、長く保存《ほぞん》できるようにしたもの。板状《いたじょう》の平《ひら》ゆば（左）や、巻《ま》いてから輪切《わぎ》りにした巻《ま》きゆば（右）などがある。

ゆばができるまで

うすくてやぶれやすいゆばは、機械《きかい》を使《つか》わずに、人の手でつくられます。

1 豆乳《とうにゅう》のまくをすくい上げる

木の枠《わく》に豆乳《とうにゅう》を入れ、ゆっくりとあたためる。表面《ひょうめん》にうすいまくができるので、竹ぐしなどですくい上げる。

◀ゆばづくりのための木製《もくせい》の大きな枠《わく》。底《そこ》は浅《あさ》く、中は仕切《しき》られている。

▶やぶれないように、そっとすくい上げる。

2 よぶんな豆乳《とうにゅう》を落《お》とす

すくい上げたゆばを、さおなどにかける。よぶんな豆乳《とうにゅう》が落《お》ちると、生ゆばができる。

大豆《だいず》の加工食品《かこうしょくひん》

とうふ

とうふは、豆乳《とうにゅう》ににがりをくわえてかためた加工食品《かこうしょくひん》です。そのまま食べてもおいしく、さまざまな料理《りょうり》の材料《ざいりょう》にもなります。

世界中《せかいじゅう》で食べられているとうふ

とうふは、奈良時代《ならじだい》に中国《ちゅうごく》から日本に伝《つた》わったといわれています。当時のとうふはとても貴重《きちょう》で、食べられるのはお坊《ぼう》さんや貴族《きぞく》など、身分《みぶん》の高い人だけでした。

とうふが広く食べられるようになったのは、今から300年ほど前の江戸時代《えどじだい》の中ごろです。このころから、とうふは毎日の食事《しょくじ》にかかせない食べものとなり、今ではもっとも多く食べられている大豆《だいず》の加工食品《かこうしょくひん》となっています。

▶昔《むかし》のお坊《ぼう》さんにとって、タンパク質《しつ》が豊富《ほうふ》なとうふは、肉のかわりとなるたいせつな食べものだった。

とうふの種類《しゅるい》

豆乳《とうにゅう》のこさや水分の量《りょう》、とうふのかため方《かた》などによって、種類《しゅるい》がことなります。

よせどうふ

もめんどうふをつくるときにさいしょにできる、やわらかいままのとうふ。水分が多くて、ひじょうにやわらかい。

もめんどうふ

一度《いちど》かためたとうふをくずし、もめんの布《ぬの》をしいた型《かた》に入れてかためなおしたもの。とうふにもめんの布《ぬの》のあとがつくので、この名前がついた。

きぬごしどうふ

こい豆乳《とうにゅう》を型《かた》に入れ、水けをきらずに、そのままかためたとうふ。水分が多くてやわらかい。きぬの布《ぬの》でこしたようになめらかなので、この名前がついた。

かたどうふ

もめんどうふを、よりかためにつくったとうふ。にがり（→60ページ）を多くして、重《おも》しを増《ふ》やして、時間をかけて水分を減《へ》らしたもの。長く保存《ほぞん》できる。

日本各地《かくち》の変《か》わりどうふ

ふつうのとうふとちがったつくり方《かた》をするものや、できあがったとうふを加工《かこう》するものなど、さまざまな変《か》わりどうふがつくられています。

沖縄県《おきなわけん》 とうふよう

乾燥《かんそう》させた島《しま》どうふ（沖縄県特有《おきなわけんとくゆう》のかためのもめんどうふ）を、紅《べに》こうじ（米こうじの一種《いっしゅ》）に泡盛《あわもり》というお酒《さけ》をくわえてつくる特製《とくせい》のつけ汁《じる》に、長期間《ちょうきかん》つけて発酵《はっこう》させたもの。ウニのような味《あじ》わいと、ねっとりとした食感《しょっかん》が特徴《とくちょう》。

秋田県《あきたけん》 とうふカステラ

秋田県《あきたけん》の南部《なんぶ》で食べられているとうふのお菓子《かし》。とうふをしぼって水けをきってから、砂糖《さとう》や卵《たまご》などをくわえて、カステラのように焼《や》いたもの。

岐阜県《ぎふけん》 いぶりどうふ

とうふのくん製《せい》。ふつうのとうふより大豆《だいず》を多めに使《つか》ったとうふを、みそに1日ほどつけておき、仕上《しあ》げに煙《けむり》でいぶしたもの。栄養《えいよう》が豊富《ほうふ》で、日もちがよい。

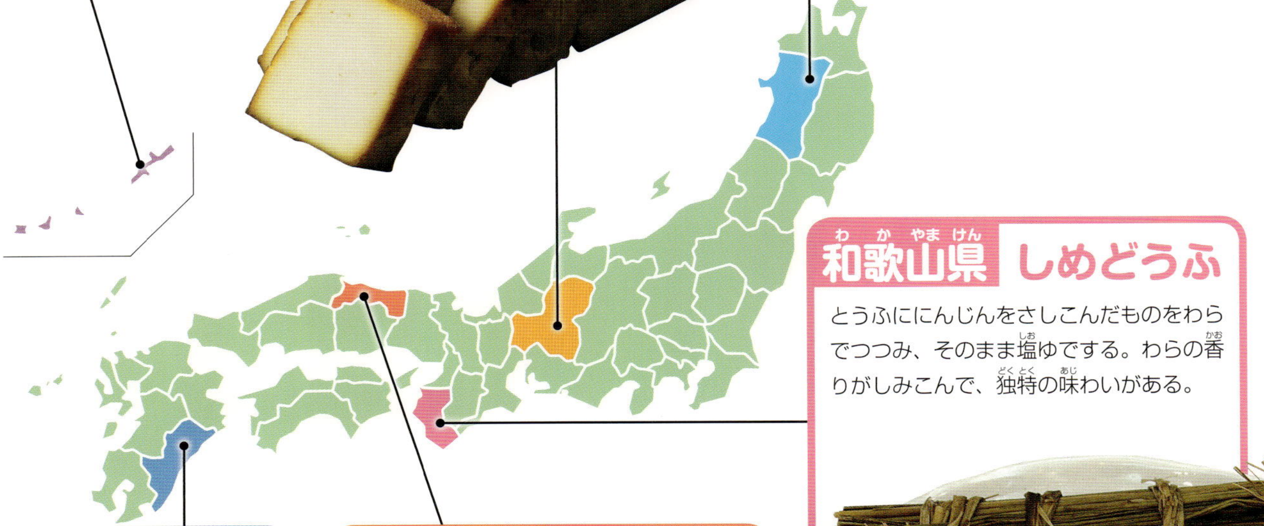

和歌山県《わかやまけん》 しめどうふ

とうふににんじんをさしこんだものをわらでつつみ、そのまま塩《しお》ゆでする。わらの香《かお》りがしみこんで、独特《どくとく》の味《あじ》わいがある。

宮崎県《みやざきけん》 菜《な》どうふ

季節《きせつ》の野菜《やさい》をきざんでまぜた、かためのとうふ。豆乳《とうにゅう》ににがりと細かくきざんだ野菜《やさい》をまぜあわせて型《かた》に入れ、水けをしぼってつくる。

鳥取県《とっとりけん》 とうふちくわ

すりつぶしたとうふに、魚のすり身《み》を少しまぜてつくったちくわ。あっさりとした味《あじ》わいで、やわらかい。

※同じような変《か》わりどうふが、ほかの都《と》道府県《どうふけん》にもある場合があります。

もめんどうふができるまで

とうふは、中にふくまれる水分の量《りょう》によって、かたさが変《か》わります。もめんどうふは、2回水けをきることで、かためのしっかりとしたとうふに仕《し》上《あ》がります。

1 豆乳《とうにゅう》をつくる

水にひたした大豆《だいず》をすりつぶし、加熱《かねつ》して呉《ご》をつくる。呉《ご》をしぼって豆乳《とうにゅう》をつくる（→55、56ページ）。

▲できたばかりの豆乳《とうにゅう》。

2 にがりを入れてかためる

豆乳《とうにゅう》がまんべんなくかたまるように、まぜながらにがりをくわえる。

▲にがりを入れるとかたまりはじめるので、すばやくまぜる。

3 くずして水けをきる

にがりを入れてかためた、やわらかいプリンのようなとうふをつきくずし、よぶんな水けをきる。

▶くずすことで、とうふの中の水分が出てくるので、よぶんな水けをきる。

にがりってなに？

にがりは、海水から塩《しお》をとりだしたあとに残《のこ》る液体《えきたい》です。豆乳《とうにゅう》をかためるはたらきがあるので、とうふづくりにはかかせないものです。しかし、海水からにがりをつくるのはたいへんなうえにお金もかかるので、にがりと同じはたらきをする人工のにがり（凝固剤《ぎょうこざい》）がよく使《つか》われています。

▲にがり。にがい味《あじ》がするので、この名前がついた。

▶家でとうふをつくりたい人のために、にがりは市販《しはん》されている。

5 こし布《ぬの》でつつむ

ざるとこし布《ぬの》を重《かさ》ねたボウルに、大豆《だいず》の汁《しる》（呉《ご》）を流《なが》しこみ、こし布《ぬの》でつつむ。

▼こし布《ぬの》でつつみ、布《ぬの》のはしをねじって、口をしっかり閉《と》じる。

6 木べらでしぼる

大豆《だいず》の汁《しる》は熱《あつ》いので、手で直接《ちょくせつ》さわらずに、木べらを使《つか》ってしぼる。

▲左手でこし布《ぬの》のはしをもち、右手で木べらをおしてしぼる。

7 豆乳《とうにゅう》を加熱《かねつ》する

豆乳《とうにゅう》をなべにうつして、中火で加熱《かねつ》する。

▶温度計《おんどけい》ではかりながら、70～75℃になったら、火を止める。

8 にがり液《えき》を入れる

豆乳《とうにゅう》をボウルにうつして、木べらでかきまぜながら、ゆっくりとにがり液《えき》を流《なが》し入れる。ふたをして約《やく》10分おく。

9 ざるに盛《も》りつける

かたまったとうふを、おたまなどでざるに盛《も》りつけたら、できあがり。とうふから水けが出るので、下に皿《さら》をおく。木のざるがなければ、ステンレスなどのざるで水けをきってから、深《ふか》めの皿《さら》に入れる。

とうふの加工食品《かこうしょくひん》

大豆《だいず》の加工食品《かこうしょくひん》

大豆《だいず》の加工食品《かこうしょくひん》であるとうふは、揚《あ》げたり、焼《や》いたりすることで、さまざまな食品《しょくひん》に変身《へんしん》します。

とうふと精進料理《しょうじんりょうり》のかかわり

「精進料理《しょうじんりょうり》」は、肉や魚などをいっさい使《つか》わない料《りょう》理《り》で、もともとは肉食を禁《きん》じられたお寺のお坊《ぼう》さんの食事《しょくじ》としてつくられてきました。そこで、精進料理《しょうじんりょうり》に不足《ふそく》しがちな栄養《えいよう》をおぎなうために、大豆《だいず》のタンパク質《しつ》を豊富《ほうふ》にふくむとうふや、その加工食品《かこうしょくひん》がよく使《つか》われるようになりました。とうふの加工食品《かこうしょくひん》は種類《しゅるい》も多く、さまざまな食感《しょっかん》や味《あじ》わいが楽しめるため、今では毎日の食事《しょくじ》になくてはならない食材《しょくざい》となっています。

▲がんもどきの煮《に》もの。とうふを揚《あ》げているので、中《なか》身《み》がスポンジ状《じょう》になっている。煮汁《にじる》がしみやすく、煮《に》ものに適《てき》している。

とうふを加工《かこう》した食品《しょくひん》

加工《かこう》のしかたによって、味《あじ》や見た目が大きく変《か》わります。

とうふ

がんもどき（ひりょうず）

とうふをくずして、すりおろした山いもといっしょにねる。野菜《やさい》やごまなどの具《ぐ》をくわえてまぜあわせ、形をととのえたものを、油揚《あぶらあ》げと同じように２回揚《あ》げる。

生揚《なまあ》げ（厚揚《あつあ》げ）

もめんどうふを、高温《こうおん》の油《あぶら》で揚《あ》げたもの。表《ひょう》面《めん》はかたくなるが、中はやわらかいまま。

油揚《あぶらあ》げ（うす揚《あ》げ）

油揚《あぶらあ》げ用につくったとうふ生《き》地《じ》をうすく切り、油《あぶら》で揚《あ》げたもの。低温《ていおん》と高温《こうおん》で２回揚《あ》げ、大きくふくらませるのが特徴《とくちょう》。

焼《や》きどうふ

かためにつくったもめんどうふを焼《や》き、こげめをつけたもの。煮《に》ても形がくずれにくく、味《あじ》がよくしみる。

こおりどうふ

かためにつくったもめんどうふをこおらせて、低温《ていおん》で乾燥《かんそう》させたもの。料理《りょうり》するときは、水でもどしてから使《つか》う。和歌山県《わかやまけん》高野山《こうやさん》の「高野《こうや》どうふ」や、長野県《ながのけん》や東北《とうほく》地方でつくられる「凍《し》みどうふ」が有名《ゆうめい》。

油《あぶら》揚《あ》げができるまで

油揚《あぶらあ》げは、温度《おんど》のちがう油《あぶら》で2回揚《あ》げることで、ふっくらと仕《し》上《あ》がります。

1 生地《きじ》を切る

油揚《あぶらあ》げ用《よう》のとうふ生地《きじ》を、1まいずつの大きさに切りわける。

▶厚《あつ》いとうふ生地《きじ》をうすく切って使《つか》うほかに、写真《しゃしん》のように最初《さいしょ》からうすくつくった生地《きじ》を使《つか》う場合もある。

2 低温《ていおん》の油《あぶら》で揚《あ》げる

100〜120℃くらいの低《ひく》い温度《おんど》で一度《いちど》揚《あ》げる。

▲低温《ていおん》で揚《あ》げると、生地《きじ》がふくらんで大きくなる。

3 高温《こうおん》の油《あぶら》で揚《あ》げる

160〜180℃くらいの高温《こうおん》で、もう一度《いちど》揚《あ》げる。

▲ふくらんだ生地《きじ》がちぢまないように、高温《こうおん》で揚《あ》げて表面《ひょうめん》をかためる。揚《あ》げる前の生地《きじ》（左）と、できあがった油揚《あぶらあ》げ（右）。

種類《しゅるい》が多いとうふ料理《りょうり》

そのまま食べる、煮《に》る、焼《や》く、炒《いた》める、揚《あ》げるなど、とうふはさまざまに調理《ちょうり》して食べられています。

▲やわらかくて使《つか》いやすく、そのままでも食べられるとうふは、家庭料理《かていりょうり》にかかせない食材《しょくざい》です。

とうふはあわせ上手《じょうず》の人気者《にんきもの》

　とうふは、あっさりとした豆のうまみが特徴《とくちょう》です。料理《りょうり》の味《あじ》つけのじゃまをすることがなく、どんな食べものにもあいます。また、やわらかくて舌《した》ざわりのよいきぬごしどうふや、かたくてくずれにくいもめんどうふなど、料理《りょうり》によってさまざまな種類《しゅるい》を選《えら》べます。

　とうふを多く使《つか》うのはわたしたちが食べている和食《わしょく》だけではありません。古くからとうふが使《つか》われてきた中華料理《ちゅうかりょうり》にくわえ、最近《さいきん》では洋食《ようしょく》、エスニック料理《りょうり》など、世界《せかい》のさまざまな国の料理《りょうり》で、とうふが使《つか》われるようになっています。

とうふの調理法《ちょうりほう》とおもな料理《りょうり》

そのまま食べる

そのまま食べて、とうふそのものの味《あじ》を楽しむ。

冷《ひ》ややっこ

▲かつおぶしやねぎ、しょうがなどの薬味《やくみ》をのせ、しょうゆやたれをかける。

なべもの

とうふはだしやつゆがよくしみこむので、さまざまななべものに使《つか》われる。

湯《ゆ》どうふ

▲だしのうまみをとうふにしみこませて、ぽん酢《ず》じょうゆなどにつけて食べる。

煮《に》る

肉や野菜《やさい》などといっしょに煮《に》こむ。くずれにくい焼《や》きどうふを使《つか》うこともある。

▲牛肉ととうふ、野菜《やさい》などを、こいめのつゆで煮《に》こんだもの。

肉どうふ

炒《いた》める

肉や野菜《やさい》などといっしょに炒《いた》める。おもにもめんどうふが使《つか》われる。

とうふチャンプルー

▲かためのもめんどうふに、肉や野菜《やさい》をくわえて炒《いた》めたもの。沖縄県《おきなわけん》の郷土料理《きょうどりょうり》。

すりつぶす

すりつぶしたとうふをさまざまな食材《しょくざい》とあわせる。

白和《しらあ》え

▲すりつぶしたもめんどうふと、ゆでてうす味《あじ》をつけた野菜《やさい》をまぜあわせる。

焼《や》く

焼《や》いたとうふに味《あじ》をつけたり、料理《りょうり》にくわえたりする。

とうふ田楽《でんがく》

▼くしにさしたとうふを炭火《すみび》などでじっくりと焼《や》き、みそやたれをぬる。

揚《あ》げる

衣《ころも》をつけたとうふを揚《あ》げたり、揚《あ》げたとうふを料理《りょうり》にくわえたりする。

揚《あ》げだしどうふ

▲かたくり粉《こ》をまぶして油《あぶら》で揚《あ》げ、薬味《やくみ》をのせてだしをかけて食べる。

大豆《だいず》の
加工食品《かこうしょくひん》

なっとう

なっとうは、日本で生まれた食べものだといわれています。
蒸《む》した大豆《だいず》を、なっとう菌《きん》という微生物《びせいぶつ》で発酵《はっこう》させてつくります。

稲《いね》わらがつくったなっとう

　なっとう菌《きん》は、自然《しぜん》の中にふつうにいる微生物《びせいぶつ》です。大豆《だいず》にくっつくとなかまをふやし、大豆《だいず》を発酵《はっこう》させてなっとうに変《か》えます。

　現在《げんざい》のなっとうは、人工的《じんこうてき》にふやしたなっとう菌《きん》を使《つか》ってつくられています。しかし、昔《むかし》は自然《しぜん》のなっとう菌《きん》がたくさんついている稲《いね》わらを使《つか》っていました。蒸《む》した大豆《だいず》を稲《いね》わらでつつむと、発酵《はっこう》してなっとうができるのです。今では稲《いね》わらでつつんだなっとうを見る機会《きかい》は少なくなっていますが、稲《いね》わらはなっとうづくりにかかせないものだったのです。

▲わらでつつんだなっとう（上）は、明治時代《めいじじだい》に売られるようになった。できあがったなっとうを小わけにして、新しいわらにつめている。現在《げんざい》は、おもに発泡《はっぽう》スチロールの容器《ようき》につめたなっとう（下）が売られている。

食べものをつくり変《か》えるなっとう菌《きん》

微生物《びせいぶつ》が物質《ぶっしつ》を分解《ぶんかい》して、別《べつ》のものにつくり変《か》えるはたらきを「発酵《はっこう》」という。なっとう菌《きん》は大豆《だいず》を発酵《はっこう》させるときに、タンパク質《しつ》をうまみ成分《せいぶん》につくり変《か》える。なっとうのねばねばした白っぽい部分《ぶぶん》にはなっとう菌《きん》がたくさん集《あつ》まっていて、うまみ成分《せいぶん》がつまっている。

なっとう菌《きん》のすがた

なっとう菌《きん》は目に見えないほど小さく、細長い形をした微生物《びせいぶつ》。土の中やかれ葉《は》など、自然《しぜん》の中にすんでいる。1本の稲《いね》わらには、およそ1000万もの菌《きん》がついている。

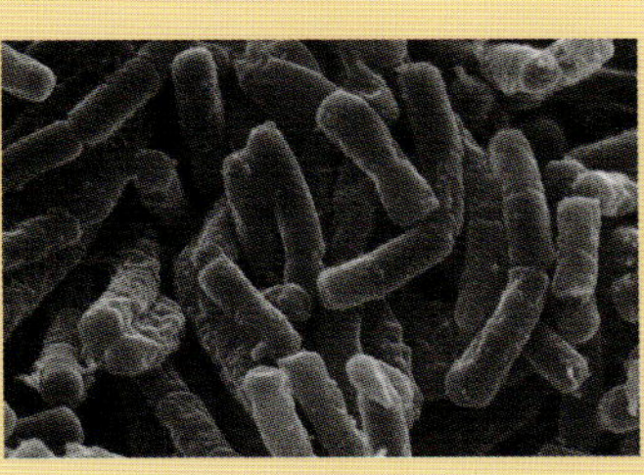

▶なっとう菌《きん》の拡大写真《かくだいしゃしん》。

なっとうの種類《しゅるい》

わたしたちがふだん「なっとう」とよんでいる、ねばねばした糸をひくなっとうは、「糸ひきなっとう」といいます。また、糸ひきなっとうをさらに加工《かこう》してつくるなっとうもあります。

〈糸ひきなっとう〉

つぶなっとう

大豆《だいず》をそのまま使《つか》ったなっとう。材料《ざいりょう》の大豆《だいず》のつぶの大きさでわけられる。小つぶよりもさらにつぶが小さいものもある。

ひきわりなっとう

大豆《だいず》を小さくわってからつくるなっとう。秋田県《あきたけん》などで食べられていたものが、全国《ぜんこく》に広がった。

〈なっとうの加工食品《かこうしょくひん》〉

五斗《ごと》なっとう(雪《ゆき》わりなっとう)

なっとうに、塩《しお》とこうじ菌《きん》をくわえ、さらに発酵《はっこう》・熟成《じゅくせい》させたもの。ねばりが強く、塩分《えんぶん》やにおいも強い。山形県《やまがたけん》の米沢《よねざわ》地方を中心につくられている。

干《ほ》しなっとう

干《ほ》したなっとう。塩《しお》などで味《あじ》つけし、かたくり粉《こ》や小麦粉《こむぎこ》などをまぶして乾燥《かんそう》させる。1年近く保存《ほぞん》でき、おやつやお酒《さけ》のつまみとして食べられている。

こうじ菌《きん》がつくる塩《しお》からなっとう

なっとう菌《きん》ではなく、こうじ菌《きん》という微生物《びせいぶつ》を使《つか》って大豆《だいず》を発酵《はっこう》させたものを「塩《しお》からなっとう」といいます。かつてお寺でつくられていたことから「寺なっとう」ともよばれます。

こうじ菌《きん》で発酵《はっこう》させた大豆《だいず》を塩水《しおみず》につけ、天日《てんぴ》で干《ほ》して、乾燥《かんそう》させてつくります。黒っぽい色でみそのような味《あじ》わいがあります。糸はひきません。

大徳寺《だいとくじ》なっとう

京都府《きょうとふ》の大徳寺《だいとくじ》でつくられてきた塩《しお》からなっとう。つまみとして食べられている。

浜《はま》なっとう

静岡県《しずおかけん》の浜名湖《はまなこ》の近くの寺でつくられた塩《しお》からなっとう。ごはんといっしょに食べる。

つぶなっとうができるまで

なっとうをつくる工場では、なっとう菌《きん》が増《ふ》えやすい環境《かんきょう》をととのえて、短《みじか》い期間《きかん》でなっとうをつくっています。

1 大豆《だいず》を水につける

大豆《だいず》をやわらかくするために、ひと晩《ばん》水につけておく。

▲大きい容器《ようき》にたっぷりの水を入れて、大豆《だいず》をつける。

2 大豆《だいず》を蒸《む》す

大豆《だいず》をかまに入れて、蒸気《じょうき》で短時間《たんじかん》で蒸《む》しあげる。

▲かまの中では、大豆《だいず》が高《こう》温《おん》の蒸気《じょうき》で蒸《む》されている。

▲蒸《む》しあがった大豆《だいず》を、かまからとりだす。

3 なっとう菌《きん》をつける

大豆《だいず》がさめないうちに、なっとう菌《きん》をとかしこんだ液《えき》をふりかけ、全《ぜん》体《たい》によくまぜる。

◀じょうろでなっとう菌《きん》の液《えき》をまんべんなくかけていく。

▲菌《きん》が全体《ぜんたい》にいきわたるように、よくまぜる。

4 容器《ようき》に入れる

なっとう菌《きん》がついた大豆《だいず》がさめないうちに、機械《きかい》で容器《ようき》につめる。高温《こうおん》を保《たも》つことで、熱《ねつ》に弱い雑菌《ざっきん》が入るのをふせぐ。なっとうの上にとうめいなフィルムをのせ、たれやからしを入れてふたをしめる。

なっとうの容器《ようき》のひみつ

容器《ようき》の中で、なっとう菌《きん》によって大豆《だいず》がなっとうに変《か》わっていく。なっとう菌《きん》がはたらくためには空気が必要《ひつよう》なので、容器《ようき》のふたにはたくさんの空《くう》気穴《きあな》があいている。

▲なっとう菌《きん》をつけた大豆《だいず》が、同じ量《りょう》ずつ、容器《ようき》に入れられる。

5 発酵《はっこう》・熟成《じゅくせい》させる

発酵室《はっこうしつ》において、36～38℃で15時間ほど発酵《はっこう》・熟成《じゅくせい》させる。冷蔵庫《れいぞうこ》にうつして、2～5℃の低温《ていおん》で30時間ほど冷《ひ》やすとできあがる。

▲なっとうを発酵《はっこう》・熟成《じゅくせい》させる発酵室《はっこうしつ》。発酵室《はっこうしつ》は、菌《きん》がはたらきやすいように、室温《しつおん》と湿度《しつど》が高い状態《じょうたい》に保《たも》たれている。

なっとうを冷《ひ》やすのはなぜ？

なっとうの発酵《はっこう》がすすみすぎると味《あじ》や香《かお》り、食感《しょっかん》が悪《わる》くなります。そこで、冷蔵庫《れいぞうこ》で冷《ひ》やしてなっとう菌《きん》の活動《かつどう》をおさえる必要《ひつよう》があります。

なっとうが冷《ひ》やされた状態《じょうたい》で売られているのも、同じ理由《りゆう》です。なっとうの賞味期限《しょうみきげん》は、冷蔵《れいぞう》した状態《じょうたい》で発酵《はっこう》がすすみすぎずにおいしく食べられる期間《きかん》を示《しめ》しています。

なっとう菌《きん》と温度《おんど》の関係《かんけい》

つくってみよう!

手づくりなっとう

大豆《だいず》と市販《しはん》のなっとうを使《つか》えば、短《みじか》い時間で手づくりなっとうができあがります。なっとうが発酵《はっこう》するようすを観察《かんさつ》することもできます。

つぶなっとう

つぶのままの大豆《だいず》を使《つか》ってつくるなっとうです。市販《しはん》のなっとうを少しくわえることで、煮《に》てやわらかくした大豆《だいず》になっとう菌《きん》をつけることができます。

材《ざい》料《りょう》

・大豆《だいず》…2分の1カップ　・市販《しはん》のなっとう…大さじ1
※なっとうを発酵《はっこう》させる容器《ようき》、湯《ゆ》たんぽを用意《ようい》する。

1 大豆《だいず》を水にひたす

大豆《だいず》をきれいに洗《あら》い、たっぷりの水を入れた大きめの器《うつわ》にひと晩《ばん》ひたしておく。

▶水にひたしたばかりの大豆《だいず》。

▼水を吸《す》って2倍《ばい》ほどにふくらんだ大豆《だいず》。

2 大豆《だいず》を煮《に》る

ひたしていた水といっしょに、大豆《だいず》をなべで煮《に》る。

煮《に》る時間は、ふつうのなべで4～5時間、圧力《あつりょく》なべでは15～20分がめやす。

3 水けをきる

なべの大豆《だいず》をひとつぶとりだして、やわらかさを確認《かくにん》する。指《ゆび》でつぶせるくらいのやわらかさになっていたら、大豆《だいず》をなべからとりだしてしっかりと水けをきる。

▲ざるを使《つか》って水けをきる。

4 市販《しはん》のなっとうをまぜる

大豆《だいず》をボウルにうつし、熱《ねつ》がさめないうちに、
市販《しはん》のなっとうを入れてよくまぜあわせる。

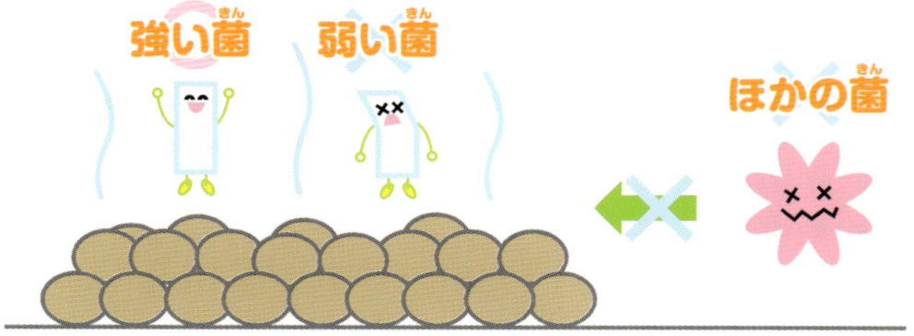

▲大豆《だいず》が熱《あつ》いうちにまぜるのは、熱《ねつ》でなっとうづくりに関係《かんけい》のない菌《きん》や弱いなっとう菌《きん》を殺《ころ》して、強いなっとう菌《きん》だけを残《のこ》すため。

5 容器《ようき》にうつす

底《そこ》が平《たい》らな容器《ようき》にキッチンペーパーをしき、
その上に大豆《だいず》をしきつめる。

▲大豆《だいず》がバランスよくならび、重《かさ》なりすぎないようにする。

6 ラップをかけて、穴《あな》をあける

容器《ようき》にゆるめにラップをかける。発酵《はっこう》には空気が必要《ひつよう》なので、ラップに空気穴《くうきあな》を数《すう》か所《しょ》あける。

◀竹ぐしを使《つか》って、ラップがやぶけないように穴《あな》をあける。

7 発酵《はっこう》させる

お湯《ゆ》を入れた湯《ゆ》たんぽといっしょに、容器《ようき》をタオルや毛布《もうふ》などでくるむ。そのまま約《やく》２０時間、発酵《はっこう》させる。

大豆《だいず》の発酵《はっこう》がすすみやすい40℃くらいに保《たも》つため、6～8時間おきに湯《ゆ》たんぽのお湯《ゆ》を入れかえる。冬はこたつの中に入れて発酵《はっこう》させてもよい。

8 熟成《じゅくせい》させる

容器《ようき》の中を確認《かくにん》して、大豆《だいず》の表面《ひょうめん》が白い粉《こな》をふいたようになっていたら、冷蔵庫《れいぞうこ》に入れる。ひと晩《ばん》冷《ひ》やして熟成《じゅくせい》させると、手づくりなっとうのできあがり。

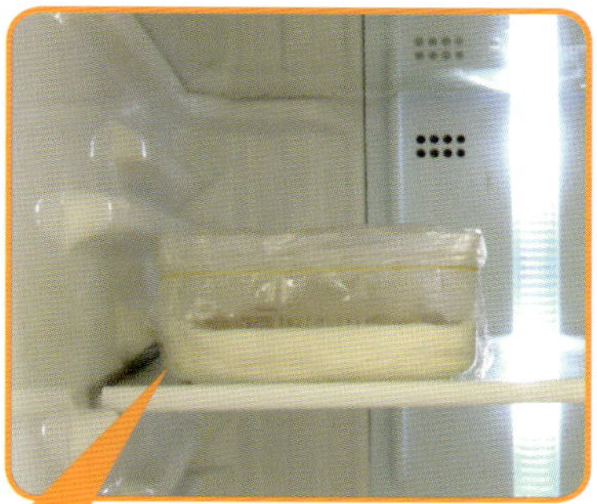

▲冷蔵庫《れいぞうこ》でひやすことでなっとう菌《きん》の活動《かつどう》をおさえ、発酵《はっこう》しすぎないようにする。

◀できあがったなっとう。白くなっている部分《ぶぶん》は、なっとう菌《きん》が集《あつ》まっているところ。

大豆《だいず》の加工食品《かこうしょくひん》

みそ

みそは、米や麦などにこうじ菌《きん》という微生物《びせいぶつ》をつけた「こうじ」を使《つか》ってつくります。大豆《だいず》とこうじをあわせることで、大豆《だいず》が発酵《はっこう》してみそになります。

武士《ぶし》が日本中にみそを広めた

　みそは、食べものを塩《しお》につけて発酵《はっこう》させた中国《ちゅうごく》の加工食品《かこうしょくひん》、「醬《ひしお》」がもとになってできたといわれています。日本でみそが広く食べられるようになったのは、鎌倉時代《かまくらじだい》になってからです。

　このころは、武士《ぶし》たちが戦《たたか》いで遠い地域《ちいき》に行くことが多く、栄養豊富《えいようほうふ》で保存《ほぞん》がきくみそがたいへん役《やく》に立っていました。やがて、多くの地域《ちいき》でみそづくりがはじまり、地域《ちいき》ごとに特色《とくしょく》がことなるみそがつくられるようになりました。

◀江戸時代《えどじだい》のみそづくりのようす。大きな木のおけで大量《たいりょう》にみそがつくられるようになり、みそづくりが発展《はってん》した。

みその種類《しゅるい》

みそは、使《つか》われるこうじのちがいで、大きく3つの種類《しゅるい》にわけることができます。このほかに、白みそ（クリーム色）、赤みそ（赤みの強い茶色）、淡色《たんしょく》みそ（あわい黄色）というように、色でわけることもあります。

米みそ

米にこうじ菌《きん》をつけた「米こうじ」で、大豆《だいず》を発酵《はっこう》させてつくる。種類《しゅるい》が多く、さまざまな色と味《あじ》のみそがある。

豆みそ

大豆《だいず》に直接《ちょくせつ》こうじ菌《きん》をつけてつくるみそ。大豆《だいず》を蒸《む》し、つぶして丸めたみそ玉にこうじ菌《きん》をくわえてつくる。大豆《だいず》の味《あじ》が強く、色がこい。わずかにしぶみがある。

麦みそ

大麦にこうじ菌《きん》をつけた「麦こうじ」で、大豆《だいず》を発酵《はっこう》させてつくるみそ。あまみが強いものが多い。

みその分布《ぶんぷ》

米みそは、北海道《ほっかいどう》から中国《ちゅうごく》・四国《しこく》地方、沖縄県《おきなわけん》まで、広く食べられています。豆みそは愛知県《あいちけん》を中心とした一部《いちぶ》の地域《ちいき》、麦みそは中国《ちゅうごく》・四国《しこく》地方の一部《いちぶ》の地域《ちいき》と九州《きゅうしゅう》地方で食べられています。地図の色わけは、その地域《ちいき》で多く食べられているみその種類《しゅるい》です。

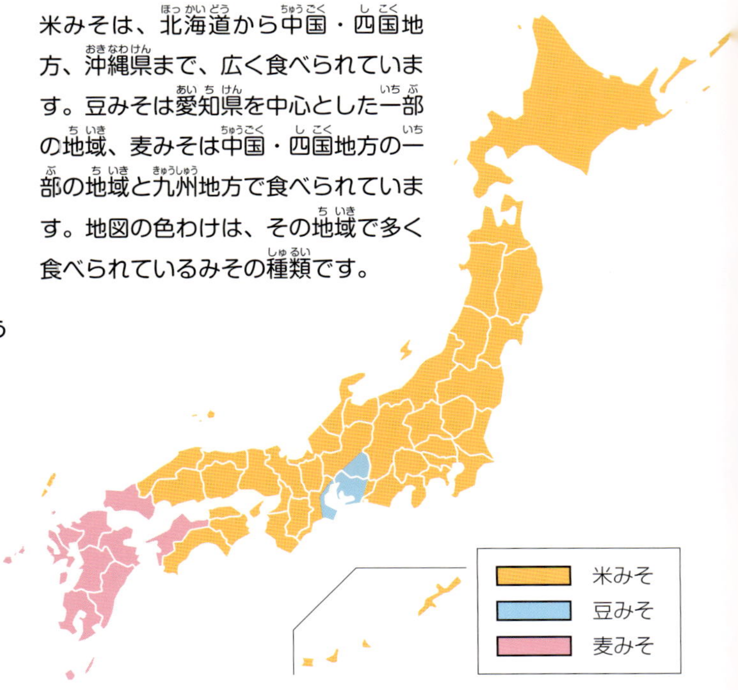

日本各地《かくち》のみそ

みそのつくり方《かた》や原料《げんりょう》のちがいにより、味《あじ》や色がことなるみそができます。日本各地《かくち》で、特徴《とくちょう》のあるみそがつくられています。

長野県《ながのけん》 信州《しんしゅう》みそ

全国《ぜんこく》のみそ生産量《せいさんりょう》の40%をしめる、色のうすい辛口《からくち》の米みそ。信州《しんしゅう》（長野県《ながのけん》）で生まれ、全国的《ぜんこくてき》に食べられている。

新潟県《にいがたけん》 越後《えちご》みそ

辛口《からくち》の赤い米みそ。米のつぶが残《のこ》って見えるのが特徴《とくちょう》。

愛知県《あいちけん》・岐阜県《ぎふけん》・三重県《みえけん》

東海《とうかい》豆みそ

赤みが強くて味《あじ》がこい、独特《どくとく》の香《かお》りがある豆みそ。「名古屋《なごや》みそ」、「八丁《はっちょう》みそ」ともよばれる。

愛媛県《えひめけん》・山口県《やまぐちけん》・広島県《ひろしまけん》

瀬戸内《せとうち》麦みそ

瀬戸内海《せとないかい》の周辺地域《しゅうへんちいき》でつくられている、あまみのある麦みそ。

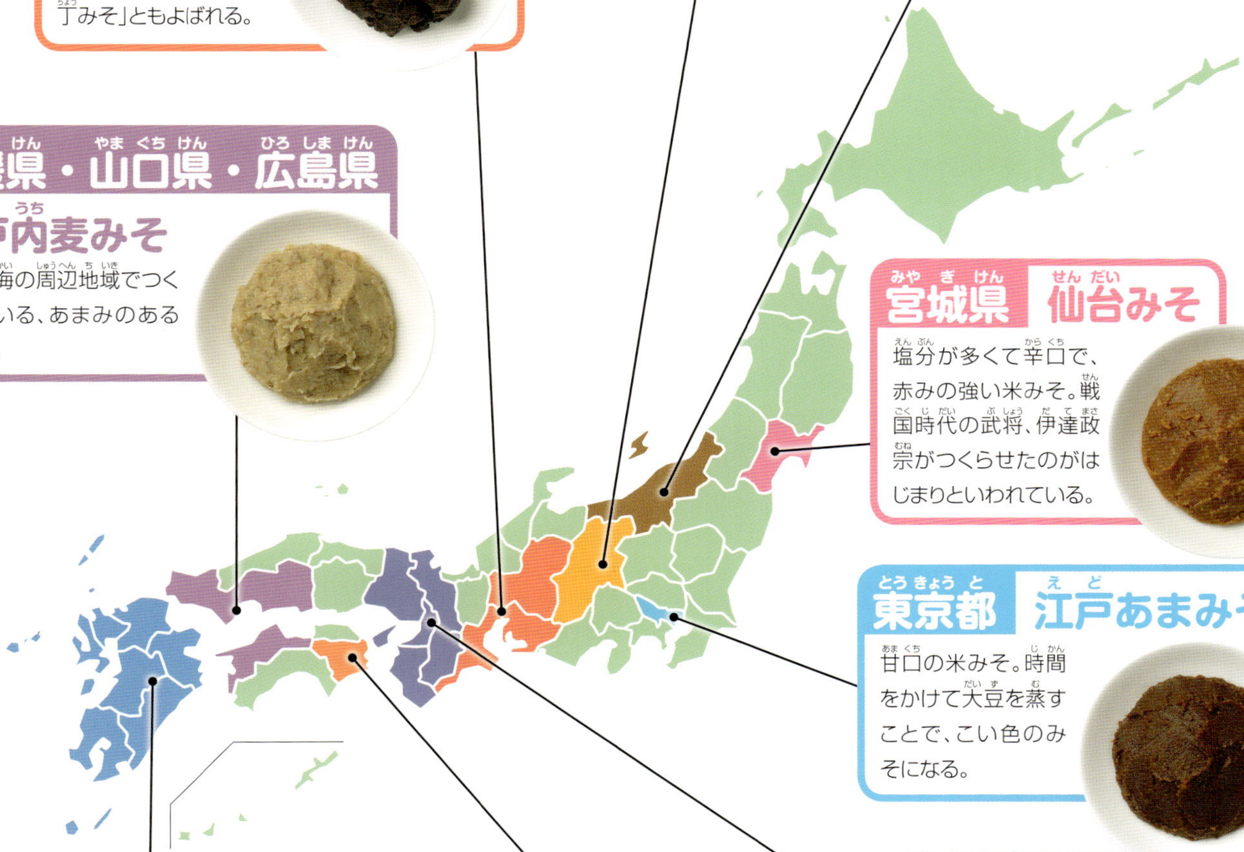

宮城県《みやぎけん》 仙台《せんだい》みそ

塩分《えんぶん》が多くて辛口《からくち》で、赤みの強い米みそ。戦国時代《せんごくじだい》の武将《ぶしょう》、伊達政宗《だてまさむね》がつくらせたのがはじまりといわれている。

東京都《とうきょうと》 江戸《えど》あまみそ

甘口《あまくち》の米みそ。時間《じかん》をかけて大豆《だいず》を蒸《む》すことで、こい色のみそになる。

九州《きゅうしゅう》地方 九州《きゅうしゅう》麦みそ

甘口《あまくち》のうすい赤色のみそ。九州《きゅうしゅう》地方では、麦みそのほかに、麦と米のこうじを使《つか》う「あわせみそ」もつくられている。

徳島県《とくしまけん》 御膳《ごぜん》みそ

赤みの強い米みそで、甘口《あまくち》だが塩分《えんぶん》は多い。殿様《とのさま》の食事《しょくじ》（御膳《ごぜん》）に使《つか》われていたので、この名前がついた。

関西地方《かんさいちほう》

関西《かんさい》白みそ

あわいクリーム色が特徴《とくちょう》で、塩分《えんぶん》の少ない甘口《あまくち》の米みそ。京都府《きょうとふ》の西京《さいきょう》みそが有名《ゆうめい》。

米みそができるまで

みそづくりは、しこみ、発酵《はっこう》、熟成《じゅくせい》の順《じゅん》でおこなわれます。もっとも時間がかかるのは熟成《じゅくせい》で、みそとして食べられるようになるのに1年以上《いじょう》かかることもあります。

1 米こうじをつくる

蒸《む》した米にこうじ菌《きん》をつけて、米こうじをつくる。作業《さぎょう》は、菌《きん》が増《ふ》えやすいように管理《かんり》された特別《とくべつ》な部屋《へや》（こうじ室《むろ》）でおこなわれる。温度《おんど》が30℃、湿度《しつど》が90%以上《いじょう》の環境《かんきょう》で、米についたこうじ菌《きん》を増《ふ》やしていく。

◀蒸《む》した米にねりこむように、こうじ菌《きん》をつけていく。こうじ菌《きん》をつけた米は、そのままこうじ室《むろ》でひと晩《ばん》ねかせる。

▲米を小わけにして木箱《きばこ》にうつし、さらに1日ねかせる。

▲できあがった米こうじ。米の表面《ひょうめん》が菌《きん》で白くなっている。

身近《みぢか》にいるこうじ菌《きん》

こうじ菌《きん》は、空気中にふつうにいる微生物《びせいぶつ》です。食べものを発酵《はっこう》させるはたらきがあります。こうじ菌《きん》はしょうゆや日本酒《にほんしゅ》などをつくるときにも使《つか》われます。

▲こうじ菌《きん》の拡大写真《かくだいしゃしん》。

2 大豆《だいず》を煮《に》る

ひと晩《ばん》水にひたした大豆《だいず》を、たっぷりの水で煮《に》る。

▲大きなかまで4時間ほど煮《に》こむ。

3 大豆《だいず》をすりつぶす

煮《に》てやわらかくした大豆《だいず》をすりつぶす。大豆《だいず》が熱《あつ》すぎると発酵《はっこう》しにくいので、さましてからおこなう。

◀機械《きかい》にかけてすりつぶす。

4 米こうじをしこむ

すりつぶした大豆《だいず》に、米こうじと塩《しお》をまぜあわせる。水をくわえてかたさをととのえ、木のおけにつめる。これを「しこみ」という。

▶しこんだばかりのみそ。色がうすく、味《あじ》は塩《しお》からい。

▲機械《きかい》を使《つか》って、よくまぜあわせる。

5 発酵《はっこう》・熟成《じゅくせい》させる

温度《おんど》と湿度《しつど》を管理《かんり》した場所《ばしょ》で6か月～1年ほどねかせ、こうじ菌《きん》などの微生物《びせいぶつ》のはたらきで発酵《はっこう》・熟成《じゅくせい》させる。

▶みそがつめられた木おけ。定期的《ていきてき》に中のみその発酵《はっこう》・熟成《じゅくせい》のぐあいを確認《かくにん》する。

▲発酵《はっこう》・熟成《じゅくせい》がすすんで、できあがったみそ。しこんだばかりのみそとくらべると、色がこくなり、味《あじ》もまろやかになっている。

発酵《はっこう》してるときは何が起《お》きてるの？

みその中のこうじ菌《きん》は、大豆《だいず》や米のタンパク質《しつ》をうまみのもととなるアミノ酸《さん》に、デンプンをあまみや香《かお》りのもととなるブドウ糖《とう》につくり変《か》えます。このほかに、酵母《こうぼ》という微生物《びせいぶつ》は、ブドウ糖《とう》を香《かお》りのもととなるアルコールにつくり変《か》えます。このように、発酵《はっこう》がすすんでいるあいだは、いろいろな微生物《びせいぶつ》がはたらいて、みそにうまみや栄養《えいよう》をくわえています。

▶熟成期間中《じゅくせいきかんちゅう》におこなう「切りかえし」。みそをおけから出して、つめなおす。みそを空気にふれさせて、こうじ菌《きん》や酵母《こうぼ》がはたらきやすい環境《かんきょう》をつくる。

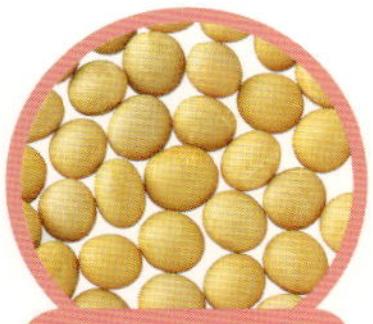

大豆《だいず》の
加工食品《かこうしょくひん》

しょうゆ

しょうゆは、蒸《む》した大豆《だいず》と炒《い》った小麦、食塩水《しょくえんすい》をまぜあわせ、こうじ菌《きん》のはたらきで発酵《はっこう》させてつくります。

みそから生まれたしょうゆ

しょうゆは、鎌倉時代《かまくらじだい》の中ごろのみそづくりがきっかけで生まれました。みそをつくるおけの底《そこ》にたまった汁《しる》がおいしいことがわかり、調味料《ちょうみりょう》として使《つか》われるようになったのです。

やがて、しょうゆそのものがつくられるようになり、江戸時代《えどじだい》の中ごろには関東《かんとう》地方で現在《げんざい》のしょうゆ（こいくちしょうゆ）に近いものがつくられました。このころから、しょうゆは毎日の食事《しょくじ》にかかせないものになりました。

しょうゆの種類《しゅるい》ごとの出荷量《しゅっかりょう》の割合《わりあい》（2010年）

全国《ぜんこく》で出荷《しゅっか》されるしょうゆの8割以上《わりいじょう》をこいくちしょうゆがしめています。

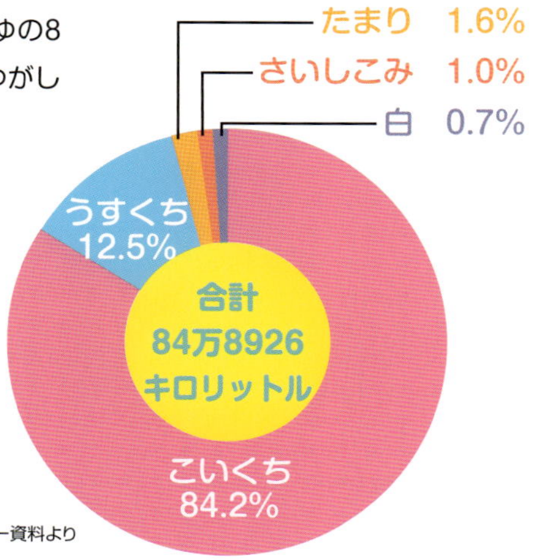

※しょうゆ情報センター資料より

しょうゆの種類《しゅるい》と地方ごとのしょうゆの好《この》み

しょうゆは、味《あじ》やつくり方《かた》によって、大きく５種類《しゅるい》にわけることができます。また、地方によって、使《つか》われているしょうゆの種類《しゅるい》がことなります。

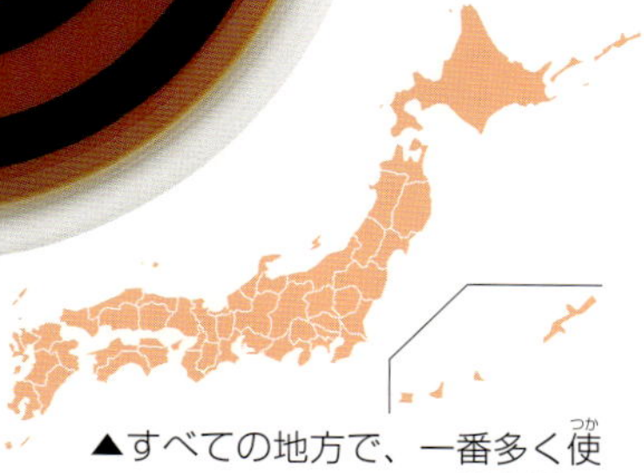

こいくちしょうゆ

もっとも多く使《つか》われているしょうゆ。色がこく、香《かお》りも強い。

▲すべての地方で、一番多く使《つか》われている。東日本と沖縄県《おきなわけん》では、使《つか》われている割合《わりあい》が高い。

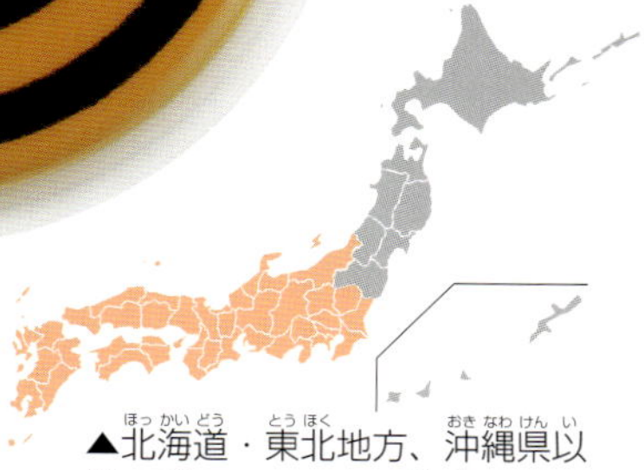

うすくちしょうゆ

色や香《かお》りをおさえたしょうゆ。食材《しょくざい》の色や風味《ふうみ》をいかした料理《りょうり》に使《つか》われる。

▲北海道《ほっかいどう》・東北《とうほく》地方、沖縄県以《おきなわけんい》外《がい》で使《つか》われている。近畿《きんき》地方は使《つか》われている割合《わりあい》が高い。

たまりしょうゆ

とろみがあり、大豆《だいず》のうまみが強い。さしみじょうゆとして人気がある。おもに愛知県《あいちけん》、岐阜県《ぎふけん》、三重県《みえけん》でつくられている。

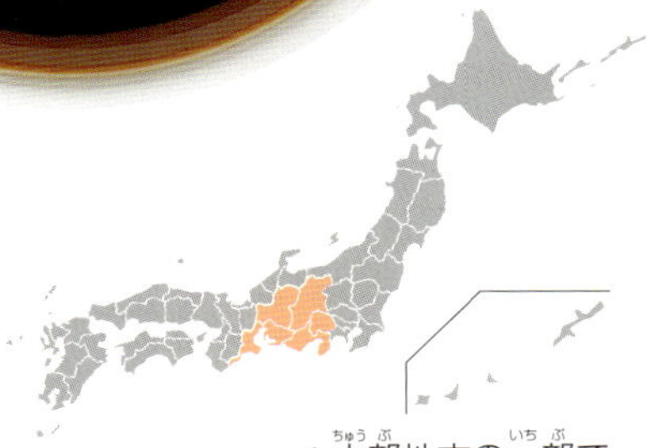

▲中部《ちゅうぶ》地方の一部《いちぶ》で使《つか》われている。

白しょうゆ

おもに小麦を原料《げんりょう》として、発酵期間《はっこうきかん》を短《みじか》くしたしょうゆ。独特《どくとく》な香《かお》りとやわらかい味《あじ》わいが特徴《とくちょう》。

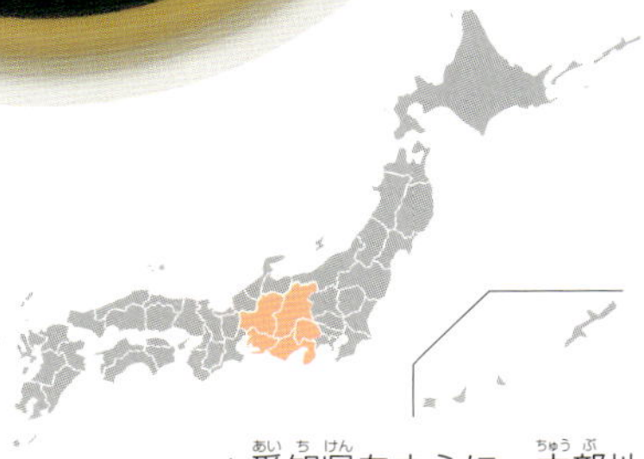

▲愛知県《あいちけん》を中心に、中部《ちゅうぶ》地方の一部《いちぶ》で使《つか》われている。

さいしこみしょうゆ

できあがる前のしょうゆに、さらに大豆《だいず》と小麦をくわえ、ふたたび発酵《はっこう》させたもの。どろりとしていて、色と味《あじ》がこく、香《かお》りも強い。おもに山口《やまぐち》県《けん》でつくられている。

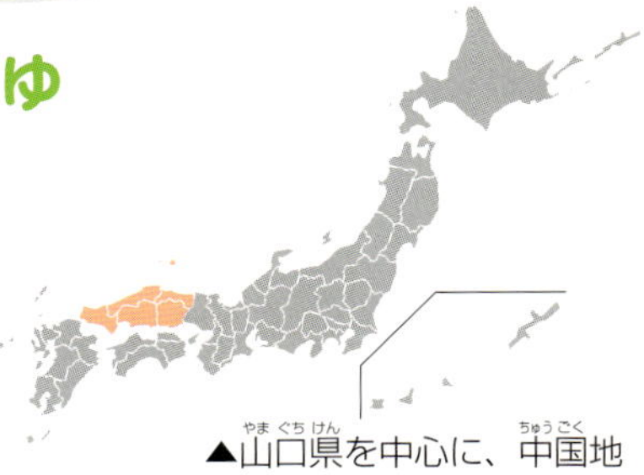

▲山口県《やまぐちけん》を中心に、中国《ちゅうごく》地方で使《つか》われている。

うすくちしょうゆは味がうすい？

うすくちしょうゆは、味《あじ》がうすいと思うかもしれませんが、うすいのは色や香《かお》りのことで、塩分《えんぶん》はこいくちしょうゆより多いのです。

しょうゆは、発酵《はっこう》と熟成《じゅくせい》がすすむほど、色がこくなります。うすくちしょうゆは、塩分《えんぶん》を増《ふ》やすことで、発酵《はっこう》と熟《じゅく》成《せい》がすすむのをおさえ、つくる期間《きかん》も短《みじか》くしています。

◀こいくちしょうゆの塩分《えんぶん》の割合《わりあい》は16～17%。

◀うすくちしょうゆの塩分《えんぶん》の割合《わりあい》は18～19%。

しょうゆができるまで

現在《げんざい》は、工場で機械《きかい》を使《つか》ってしょうゆをつくることが多くなっていますが、ここでは、伝統的《でんとうてき》な手づくりのしょうゆのつくり方《かた》を紹介《しょうかい》します。

1 大豆《だいず》と小麦の準備《じゅんび》をする

大豆《だいず》と小麦をまぜあわせる。こうじ菌《きん》のはたらきをよくするために、蒸《む》した大《だい》豆《ず》、炒《い》った小麦を使《つか》う。

▶大豆《だいず》と小麦をほぐしながらまぜていく。

しょうゆづくりに使《つか》う大豆《だいず》と小麦

◀水《みず》にひたしてから蒸《む》した大豆《だいず》。油分《ゆぶん》をとりのぞいた脱脂加工大豆《だっしかこうだいず》を使《つか》うことも多い。

▶炒《い》ってから細かくくだいた小麦。

2 しょうゆこうじをつくる

まぜあわせた大豆《だいず》と小麦にこうじ菌《きん》をまぶして、しょうゆこうじをつくる。

▲こうじ菌《きん》がよくはたらくように、手でかきまぜて、空気にふれさせる。

しょうゆこうじって何？

しょうゆこうじは、大豆《だいず》と小麦をまぜたものに、こうじ菌《きん》をつけたものです。

◀こうじ菌《きん》をまぶした直後。

▶できあがったしょうゆこうじ。菌《きん》がびっしりとついている。

3 もろみをつくる

しょうゆこうじをたるに入れ、食塩《しょくえん》水《すい》をくわえ、「もろみ」をつくる。この作業《さぎょう》を「しこみ」という。

もろみは、しょうゆこうじと食塩《しょくえん》水《すい》がまじりあって、どろどろになったもの。

4 発酵《はっこう》・熟成《じゅくせい》させる

たるの中で、もろみを発酵《はっこう》・熟成《じゅくせい》させる。数か月から１年、長いものでは４年ほどかかる。しこみはじめはもろみが上にかたまりやすいので、こまめにまぜあわせる。発酵《はっこう》がすすんだら、中に空気を入れるためにかきまぜる。

たるをねかせるしょうゆ蔵《ぐら》。しょうゆづくりにかかせない酵《こう》母《ぼ》などの微生物《びせいぶつ》が、たくさんすみついている。

▲下にたまっている食塩水《しょくえんすい》を引き上げ、まんべんなくまざるようにする。

もろみの変化《へんか》

たるの中では、こうじ菌《きん》や酵母《こうぼ》などのはたらきで、発酵《はっこう》・熟成《じゅくせい》がすすむ。

▲発酵《はっこう》がはじまったばかりのもろみ。

▲ぶくぶくとあわ立って、発酵《はっこう》がすすむ。

▲熟成《じゅくせい》がすすみ、こい茶色になったもろみ。

5 もろみをしぼる

熟成《じゅくせい》したもろみを、こし布《ぬの》につつんで、重《かさ》ねる。重《おも》みで自然《しぜん》にしょうゆがしみだしてくる。最後《さいご》は機械《きかい》で、もろみが板《いた》のようになるまでしぼりとる。

▲広げたこし布《ぬの》に、もろみを流《なが》しこむ。大豆《だいず》や小麦の形は残《のこ》っていない。

▲こし布《ぬの》からしみだしたしょうゆ。これを「生《き》じょうゆ」という。

6 火入れをおこなう

生《き》じょうゆを加熱《かねつ》して、中の微生物《びせいぶつ》を殺菌《さっきん》して発酵《はっこう》を止める。しょうゆの香《かお》りをひきたたせる効果《こうか》もある。

▲生《き》じょうゆをかまに入れて、いっきに加熱《かねつ》する。

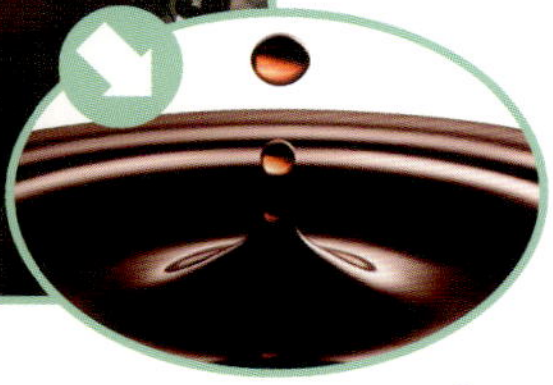

▲この「火入れ」の作《さ》業《ぎょう》がおわると、しょうゆができあがる。

アジアの大《だい》豆《ず》加《か》工《こう》食《しょく》品《ひん》

古くから大豆《だいず》を栽培《さいばい》してきた東アジアの人びとは、大豆《だいず》をよりおいしく、より長く保存《ほぞん》できるように、さまざまな加工食品《かこうしょくひん》を生みだしました。

ネパール

キネマ

ネパールのなっとう。煮《に》た大豆《だいず》をつぶして、木の葉《は》でつつんで発酵《はっこう》させたもの。日本のなっとうのように、糸をひく。火を通してから食べる。

インドネシア

テンペ

バナナの葉《は》で大豆《だいず》をつつみ、テンペ菌《きん》という微生物《びせいぶつ》で発酵《はっこう》させたもの。表面《ひょうめん》が菌《きん》で白くなっている。油《あぶら》で揚《あ》げるなどして、さまざまな料理《りょうり》にくわえる。

韓国《かんこく》

カンジャン

韓国《かんこく》のしょうゆ。日本の豆みそのように、蒸《む》した大豆《だいず》を丸めてみそ玉にして、発酵《はっこう》させて食塩水《しょくえんすい》をくわえたもの。調味料《ちょうみりょう》として使《つか》われる。

テンジャン

韓国《かんこく》のみそ。日本と同じように、大豆《だいず》に米や麦をくわえて発酵《はっこう》させたもの。調味料《ちょうみりょう》として使《つか》われる。

チョングッチャン

韓国《かんこく》のなっとうのようなもの。ゆでた大豆《だいず》をわらでつつみ、発《はっ》酵《こう》させる。ねばりはほとんどなく、調味料《ちょうみりょう》として使《つか》われる。

スンドゥブ

韓国《かんこく》のとうふ。やわらかくて、日本のよせどうふに近い。おもに、なべもので食べられる。

中国《ちゅうごく》

ジャンヨウ（醤油）

中国《ちゅうごく》のしょうゆ。日本に伝わった「醤《ひしお》」をもとにつくられたと考えられている。日本のみそとしょうゆの中間のようなもので、炒《いた》めものに使《つか》われる。

トウチ（豆豉）

中国《ちゅうごく》の塩《しお》からなっとう。蒸《む》した大豆《だいず》を発酵《はっこう》させ、食塩《しょくえん》をくわえて熟成《じゅくせい》させたもの。調味料《ちょうみりょう》として、炒《いた》めものに使《つか》われる。

フールー（腐乳）

とうふにカビを生やし、塩《しお》づけにしたものを発酵《はっこう》・熟成《じゅくせい》させたもの。塩《しお》からいので、調味料《ちょうみりょう》として使《つか》われる。

チョウドウフ（臭豆腐）

発酵《はっこう》させたつけ汁《じる》にとうふをつけこんだもの。独特《どくとく》の強いくさみが名前の由来《ゆらい》。揚《あ》げて調理《ちょうり》することが多い。

タイ

トゥアナオ

蒸《む》した大豆《だいず》を、バナナの葉《は》でつつんで発酵《はっこう》させたもので、日本のなっとうのようなにおいがする。せんべい状《じょう》に広げて、干《ほ》してある。火であぶってから食べる。

フィリピン

タホ

フィリピンのやわらかいとうふ。豆乳《とうにゅう》をかためたもので、あまいシロップとタピオカをくわえて、デザートのようにして食べる。

大豆《だいず》の
加工食品《かこうしょくひん》

大豆油《だいずゆ》

大豆《だいず》から油分《ゆぶん》をしぼりだしたものが大豆油《だいずゆ》です。
大豆油《だいずゆ》は、わたしたちの身《み》のまわりのさまざまなものに加工《かこう》されています。

サラダ油《ゆ》に使《つか》われている

植物《しょくぶつ》を加工《かこう》してつくる油《あぶら》のことを、「植物《しょくぶつ》油《ゆ》」といいます。原料《げんりょう》となる植物《しょくぶつ》は多く、大《だい》豆《ず》、菜《な》種《たね》、べに花の種《たね》、とうもろこし、ごま、オリーブなどが使《つか》われています。

大豆《だいず》からつくる大豆油《だいずゆ》は、日本で広く使《つか》われている植物油《しょくぶつゆ》のひとつです。サラダ油《ゆ》や、マヨネーズなどの原料《げんりょう》にもなっています。

マヨネーズ

大豆油《だいずゆ》

マーガリン

サラダ油《ゆ》

大豆《だいず》がお肉に変身《へんしん》!?

大豆《だいず》を利用《りよう》した新しい加工食品《かこうしょくひん》のひとつに、調理《ちょうり》すると肉のような見た目と食感《しょっかん》になる「大《だい》豆《ず》ミート」というものがあります。「大豆肉《だいずにく》」、「ソイミート」などともよばれ、肉のかわりに料理《りょうり》に使《つか》われています。

大豆《だいず》から油分《ゆぶん》をしぼりとってから粉状《こなじょう》にすりつぶし、機械《きかい》を使《つか》ってさまざまな形にかためます。大豆以外《だいずいがい》によぶんな材料《ざいりょう》を使《つか》わないので、健康《けんこう》によい食品《しょくひん》として、注目《ちゅうもく》されています。

◀料理《りょうり》しやすいように、さまざまな形につくられた大豆《だいず》ミート。

▶大豆《だいず》ミートを使ってつくったから揚げ。

大豆油《だいずゆ》ができるまで

大豆《だいず》にふくまれる油分《ゆぶん》をしぼってとりだすのはたいへんなので、油分《ゆぶん》をとかしだすための液体《えきたい》（溶剤《ようざい》）を使《つか》ってとりだします。

1 大豆《だいず》を加工《かこう》する

油分《ゆぶん》をとりだしやすいように、大豆《だいず》を加工《かこう》する。

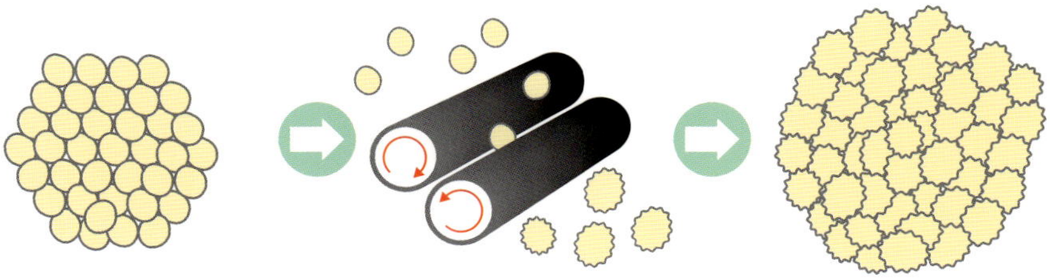

▲加熱《かねつ》してくだいた大豆《だいず》。　▲ローラーでつぶしてのばす。　▲平《ひら》たく、うすくなった大豆《だいず》。

2 油分《ゆぶん》をとりだす

機械《きかい》に大豆《だいず》を入れ、油分《ゆぶん》をとりだす。油分《ゆぶん》をとりだしたあとの大豆《だいず》は、しょうゆの原料《げんりょう》や家畜《かちく》のえさ、肥料《ひりょう》などに再利用《さいりよう》される。

▶機械《きかい》の中で、大豆《だいず》に溶剤《ようざい》をくわえると、大豆油《だいずゆ》をふくんだ液体《えきたい》が出てくる。これを加熱《かねつ》して、溶剤《ようざい》だけを蒸発《じょうはつ》させると、油分《ゆぶん》をとりだすことができる。

▲油分《ゆぶん》をとりだしたあとの大豆《だいず》（脱脂加工大豆《だっしかこうだいず》）。

3 油《あぶら》からよぶんなものをとりのぞく

遠心分離機《えんしんぶんりき》を使《つか》って、油《あぶら》とよぶんなものをわける。よぶんなものだけをとりのぞいて、油《あぶら》をきれいにする。

▲遠心分離機《えんしんぶんりき》。回転《かいてん》の力で油《あぶら》をきれいにする。

中の機械《きかい》がぐるぐるまわると、よぶんなものが外側《そとがわ》に集《あつ》まって、外に出される。

4 色とにおいをとる

油《あぶら》をろ過《か》して色をぬき（脱色《だっしょく》）、くさみの原因《げんいん》となる成分《せいぶん》をとりのぞく。

◀脱色前《だっしょくまえ》の大豆油《だいずゆ》。

▶脱色後《だっしょくご》の大豆油《だいずゆ》。

大豆《だいず》の
加工食品《かこうしょくひん》

きな粉《こ》

大豆《だいず》を炒《い》ってから、くだいて粉《こな》にしたものがきな粉《こ》です。もちにまぶして食べたり、お菓子《かし》に使《つか》ったりします。

お菓子《かし》とあうきな粉《こ》

　きな粉《こ》は、奈良時代《ならじだい》のころはお坊《ぼう》さんが薬《くすり》として食べていたといわれています。粉《こな》にすることで、大豆《だいず》の栄養《えいよう》がとりやすくなります。

　さまざまなお菓子《かし》にきな粉《こ》が使《つか》われていて、砂糖《さとう》とまぜあわせて使《つか》ったり、あめにねりこんだりされています。

きな粉《こ》の種類《しゅるい》

原料《げんりょう》にする大豆《だいず》の種類《しゅるい》によって、粉《こな》の色がことなります。

きな粉《こ》

黄大豆《きだいず》でつくったきな粉《こ》。もっともよく使《つか》われている。

黒豆《くろまめ》きな粉《こ》

黒大豆《くろだいず》でつくったきな粉《こ》。きな粉《こ》よりも、色がやや黒っぽい。

うぐいすきな粉《こ》

青大豆《あおだいず》でつくったきな粉《こ》。うぐいすのような色から、この名前がついた。

きな粉《こ》ができるまで

きな粉《こ》をつくるときの気温《きおん》や湿度《しつど》にあわせて、炒《い》る時間を調節《ちょうせつ》します。

1 大豆《だいず》を炒《い》る

機械《きかい》で大豆《だいず》をまぜながら炒《い》る。

▲穴《あな》から出る熱風《ねっぷう》で、熱《ねつ》をくわえている。

2 大豆《だいず》をくだく

炒《い》った大豆《だいず》をさまし、機械《きかい》でくだく。

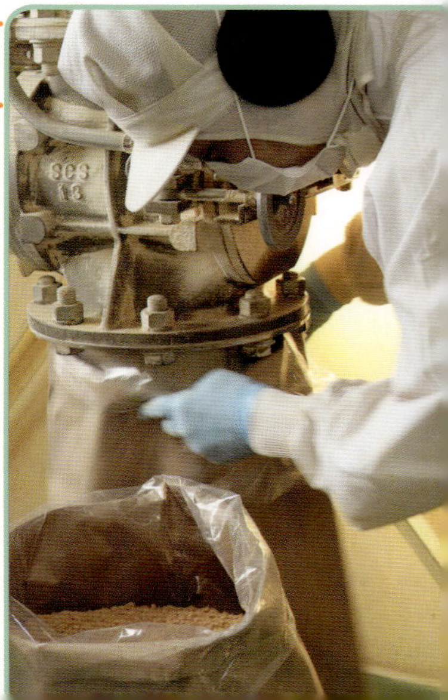

▶炒《い》った大豆《だいず》をくだくと、きな粉《こ》ができあがる。くだく時間を変《か》えることで、粉《こな》の細かさを調整《ちょうせい》できる。

3章

いろいろな豆

日本では、大豆《だいず》だけではなく、さまざまな豆が食べられています。とくに、あずき、ささげ、いんげん豆、べにばないんげん、えんどう、そら豆、落花生《らっかせい》などが、多く食べられています。

▲収穫《しゅうかく》した紫花豆《むらさきはなまめ》の株《かぶ》を積《つ》んで乾燥《かんそう》させる「にお積《づ》み」の作業《さぎょう》（北海道《ほっかいどう》豊浦町《とようらちょう》）。

あずき・ささげ

あずき・ささげってどんな豆？

あずきとささげは、豆の色や形、栄養《えいよう》のバランスがよく似《に》ています。しかし、成長《せいちょう》のしかたやさやの形などにちがいがあります。

見た目と栄養《えいよう》バランスがそっくり

あずきとささげは、マメのなかまの中でも、とくに近い種類《しゅるい》です。熟《じゅく》した豆を見くらべてみると、大きさや表面《ひょうめん》の張《は》りぐあいにちがいはあるものの、色や形はそっくりです。

ふたつの豆の栄養《えいよう》をくらべると、さらに似《に》ていることがわかります。それぞれの栄養《えいよう》の量《りょう》に少しのちがいがあるだけで、栄養《えいよう》のバランスはほとんど変《か》わりがありません。

あずきとささげの栄養《えいよう》

あずきは炭水化物《たんすいかぶつ》がやや多く、ささげはタンパク質《しつ》がやや多い。

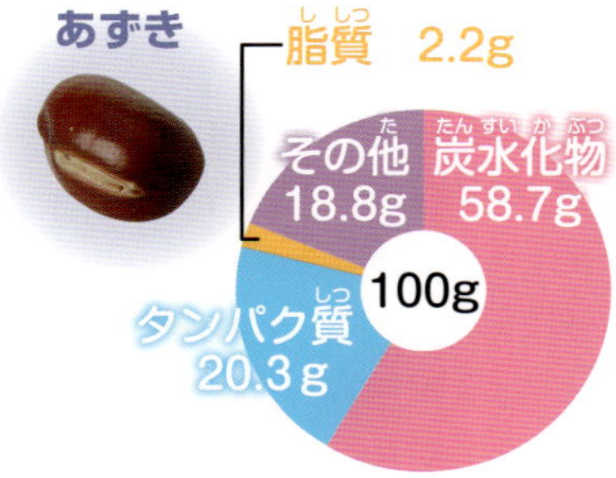

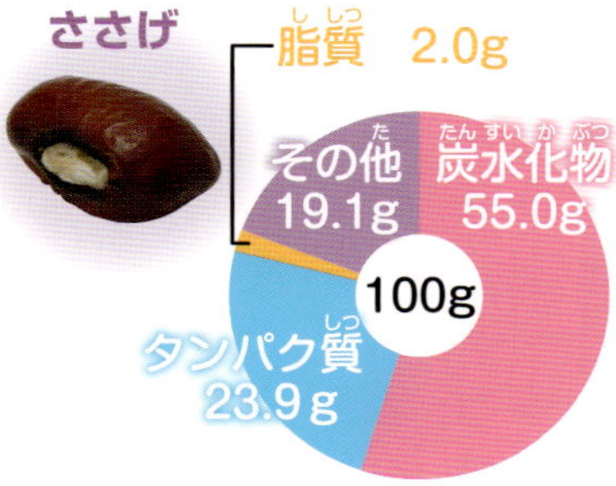

※「日本食品標準成分表2010」（文部科学省）より

あずきとささげをくらべてみよう

あずきとささげのちがいは、植物《しょくぶつ》としての育《そだ》ち方《かた》にあります。株《かぶ》の成長《せいちょう》のしかた、花の色、さやの形などをくらべてみましょう。

あずきの株《かぶ》と花

あずきの株《かぶ》は、成長《せいちょう》してもそれほど高くはならない。花は黄色。

▲畑《はたけ》で育《そだ》つあずきの株《かぶ》。

▶あずきの花。

ささげの株《かぶ》と花

ささげには、つるがのびる品種《ひんしゅ》とのびない品種《ひんしゅ》があり、のびる品種《ひんしゅ》のほうが多く栽培《さいばい》されている。花はうすい紫色《むらさきいろ》。

▲ささげの花。

▲つるがのびる品種《ひんしゅ》のささげの株《かぶ》。

あずきの若《わか》ざや

細長いさやで、まっすぐにのびる。

ささげの若《わか》ざや

ささげのさやは品種《ひんしゅ》によって、形や中にできる豆の数がちがう。ささげの種類《しゅるい》によっては、若《わか》ざやも食用になる。

さやの中に6～8つぶの豆ができる。

成長《せいちょう》とちゅうのささげのさや。さやが上むきにのびる。さやの中に豆ができて熟《じゅく》しはじめると、重《おも》みで下をむく。

ささげのなかまの三《さん》尺《じゃく》ささげの若《わか》ざや。「ながささげ」ともよばれ、食用になる。成長《せいちょう》したさやの長さが90cmをこえることもあるため、三尺《さんじゃく》（約《やく》90cm）という名前がついた。

あずきの熟《じゅく》した豆

豆の中でもとくに小つぶで、1つぶの大きさは6～9mm。表面《ひょうめん》に張《は》りとつやがある。

▲収穫《しゅうかく》したあずきのさやの中の熟《じゅく》した豆。

ささげの熟《じゅく》した豆

あずきとよく似《に》ていて、1つぶの大きさは6～10mm。やや角ばっていて、表面《ひょうめん》にしわがある。

▲収穫《しゅうかく》したささげのさやの中の熟《じゅく》した豆。

あずき・ささげの栽培地域《さいばいちいき》

あずきとささげは、日本国内の栽培《さいばい》の状況《じょうきょう》が大きくことなります。
原産地《げんさんち》や世界《せかい》への広まり方《かた》にもちがいがあります。

日本ではあずきが主役《しゅやく》

日本では、あずきはあんや赤飯《せきはん》の材料《ざいりょう》に使《つか》われています。ささげも赤飯《せきはん》に使《つか》われたり、若《わか》ざやが食べられたりしていますが、より多く食べられているのはあずきです。

あずきは北海道《ほっかいどう》を中心にさまざまな県《けん》で栽培《さいばい》されていますが、近ごろは生産量《せいさんりょう》が減《へ》っていて、輸入《ゆにゅう》にたよる割合《わりあい》が多くなっています。ささげは、沖縄県《おきなわけん》や愛知県《あいちけん》、岐阜県《ぎふけん》、岡山県《おかやまけん》などで栽培《さいばい》されていて、生産量《せいさんりょう》は少なめです。

▲北海道上川郡《ほっかいどうかみかわぐん》のあずき畑《ばたけ》。生産量《せいさんりょう》は年ごとに減《へ》っているが、今でも北海道《ほっかいどう》があずきの生産量《せいさんりょう》日本一をほこっている。

あずきの5年ごとの生産量《せいさんりょう》 (単位:トン)

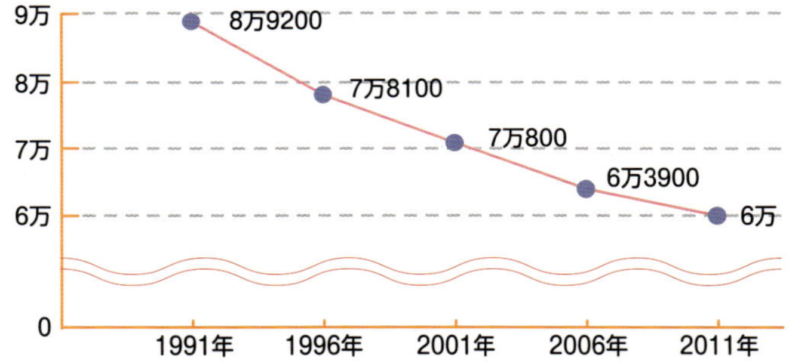

※「作物統計」(農林水産省)より

◀北海道十勝平野《ほっかいどうとかちへいや》のあずき畑《ばたけ》。十勝《とかち》では、収穫《しゅうかく》したあずきの株《かぶ》を積《つ》み上げて乾燥《かんそう》させることを「にお積《つ》み」という。北海道《ほっかいどう》で全国《ぜんこく》の生産量《せいさんりょう》の約《やく》8割《わり》がつくられている。

武士《ぶし》がきらったあずきの赤飯《せきはん》

おいわいのときに食べる赤飯《せきはん》には、古くからあずきが使《つか》われてきました。しかし、江戸時代《えどじだい》になると、武士《ぶし》の社会の中心地《ちゅうしんち》だった関東《かんとう》地方で、赤飯《せきはん》にささげを使《つか》うようになりました。煮《に》たときにおなか（皮《かわ》の中心部分《ちゅうしんぶぶん》）がやぶれやすいあずきは、当時の武士《ぶし》たちに切腹《せっぷく》を連想《れんそう》させたため、煮《に》ても皮《かわ》がやぶれないささげが使《つか》われるようになったのです。現在《げんざい》は、あずきの赤飯《せきはん》もささげの赤飯《せきはん》も、日本中で食べられています。

◀あずきの赤飯《せきはん》。煮《に》たり、炊《た》いたりしたときに、皮《かわ》がやぶれやすい。

▶ささげの赤飯《せきはん》。皮《かわ》がやぶれることはほとんどない。

原産地《げんさんち》と世界《せかい》への広まり方《かた》

あずきは、原産地《げんさんち》とされている東アジアから世界《せかい》に広まらず、東アジア以外《いがい》の地域《ちいき》ではほとんど食べられていません。逆《ぎゃく》に、ささげは原産地《げんさんち》とされているアフリカから世界中《せかいじゅう》に広まり、多くの国で食べられています。

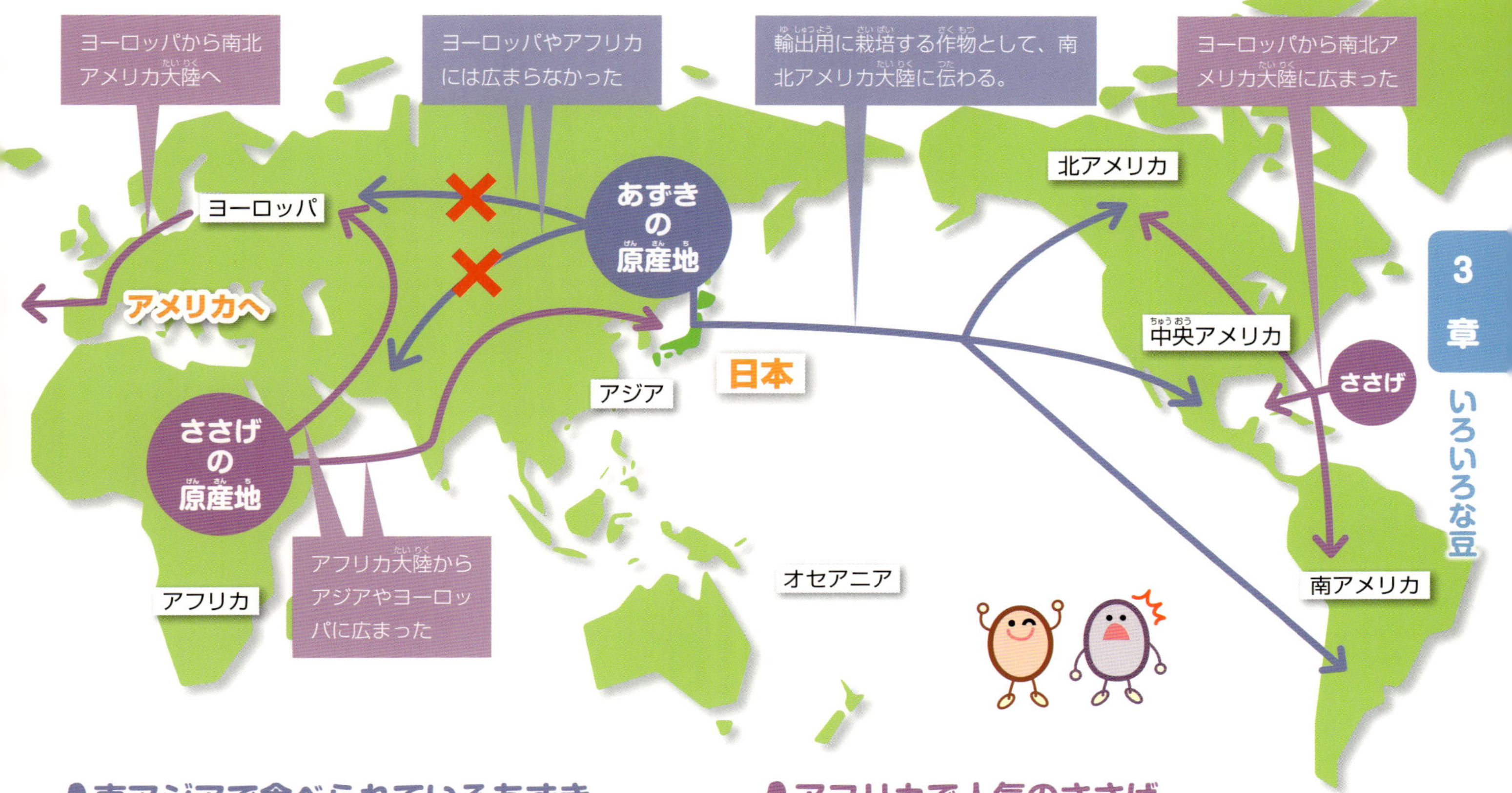

東アジアで食べられているあずき

あずきはおもに東アジアで食べられていて、あまく煮《に》こんでお菓子《かし》に使《つか》われることが多い。しかし、煮豆《にまめ》やスープの具《ぐ》には適《てき》さないため、世界《せかい》の国ぐにではあずきはほとんど食べられていない。しかし、カナダやアメリカなどのように、東アジアの国ぐにに輸出《ゆしゅつ》するために生産《せいさん》している国もある。

▲あずきを使《つか》った韓国《かんこく》の伝統的《でんとうてき》なもち菓子《がし》。あずきは、日本ほどあまくはしない。

アフリカで人気のささげ

ささげは、おもに原産地《げんさんち》であるアフリカの国ぐにで大量《たいりょう》に生産《せいさん》されている。ささげのなかまには、ブラックアイビーンズ（黒目豆《くろめまめ》）のような、日本ではあまり見られない種類《しゅるい》の豆もある。これらの豆は、外国では煮豆《にまめ》やスープなどの家庭料理《かていりょうり》に使《つか》われることが多く、たくさん食べられている。

▲ささげの一種《いっしゅ》であるブラックアイビーンズを使《つか》ったアフリカの煮《に》こみ料理《りょうり》。

あずき・ささげ

あずき・ささげのいろいろ

あずきは、豆の大きさや色がことなるさまざまな品種《ひんしゅ》があります。
ささげは、生産量《せいさんりょう》は少ないものの、いくつかの品種《ひんしゅ》が栽培《さいばい》されています。

品種《ひんしゅ》の数が多いあずきと若《わか》ざやも食べられるささげ

あずきは、今から120年ほど前の明治時代《めいじじだい》の中ごろに広く栽培《さいばい》されるようになりました。品種改良《ひんしゅかいりょう》もさかんにおこなわれてきたので、たくさんの品種《ひんしゅ》があります。

ささげの品種《ひんしゅ》の数は、それほど多くはありません。しかし、あずきとはちがって、若《わか》ざやも食べられる品種《ひんしゅ》があります。

あずき

大納言《だいなごん》

見た目が美《うつく》しく、和菓子《わがし》に大人気

つぶがとくに大きく、豆の風味《ふうみ》がよいあずきです。煮《に》くずれしにくいので、つぶあんや豆の形をいかした和菓子《わがし》に使《つか》われます。さまざまな地域《ちいき》で栽培《さいばい》されていて、地域特有《ちいきとくゆう》の品種《ひんしゅ》もたくさんあります。

▶つぶあんをかけた白玉《しらたま》。

とよみ大納言《だいなごん》

おもに北海道《ほっかいどう》で栽培《さいばい》されている大納言《だいなごん》で、つぶがとても大きい。色がややうすめで、皮《かわ》がやわらかい。おもに和菓子《わがし》に使《つか》われる。

丹波大納言《たんばだいなごん》

丹波《たんば》地方（京都府《きょうとふ》・兵庫《ひょうご》県《けん》の一部《いちぶ》）で古くからつくられているあずき。あまみが強く風味《ふうみ》もよいので、煮豆《にまめ》や和菓子《わがし》などに使《つか》われる。

ふつうあずき

こしあんや赤飯《せきはん》に使《つか》われる

明るい赤茶色の小つぶの豆。舌《した》ざわりがなめらかなので、こしあんの材料《ざいりょう》に使《つか》われます。大納言《だいなごん》とくらべると煮《に》くずれしやすいのですが、赤飯《せきはん》にも利用《りよう》されます。おもな産地《さんち》は北海道《ほっかいどう》の十勝平野《とかちへいや》。

エリモショウズ
栽培《さいばい》しやすいうえに味《あじ》もよく、あんにしたときの風味《ふうみ》がよい。日本でもっとも多く栽培《さいばい》されている。

▶こしあんでもちをくるんだおはぎ。

白あずき

白あんの材料《ざいりょう》となる白いあずき

やや黄色がかった白色のあずきで、生産量《せいさんりょう》は多くありません。白あんにはいんげん豆がよく使《つか》われますが、白あずきでつくった白あんは風味《ふうみ》がよく、とても人気があります。

備中《びっちゅう》白あずき
あずきの産地《さんち》として有名《ゆうめい》な備《び》中《ちゅう》地方（岡山県《おかやまけん》の西部《せいぶ》）で栽培《さいばい》されている白あずき。白あんや和菓子《わがし》に使《つか》われる。

▶白あずきを使《つか》った白いつぶあん。

ささげ

赤ささげ

赤飯用《せきはんよう》の豆に使《つか》われる

ささげにはさまざまな色の豆があり、日本でおもに食べられているのは赤ささげという赤茶色の豆です。最近《さいきん》は中国《ちゅうごく》からの輸入《ゆにゅう》が増《ふ》えていますが、一部《いちぶ》の地域《ちいき》では現在《げんざい》も多く栽培《さいばい》されています。

だるまささげ
豆の形が、横《よこ》から見ただるまに似《に》ているので、この名前がついたといわれている。岡山県《おかやまけん》などで栽培《さいばい》されている。

▶ささげを使《つか》った赤飯《せきはん》。

ながささげ

熟《じゅく》す前の若《わか》ざやを食べる

さやがまっすぐ長くのびる種類《しゅるい》のささげの、熟《じゅく》す前の若《わか》ざやを食べます。十六《じゅうろく》ささげや三尺《さんじゃく》ささげという種類《しゅるい》が多く栽培《さいばい》されています。

◀さやいんげんを長くのばしたような形で、煮《に》ものや炒《いた》めものに使《つか》われる。

▶ながささげの煮《に》もの。

つくってみよう！

あずき・ささげを使《つか》った料《りょう》理《り》

ささげを使《つか》った赤飯《せきはん》のつくり方《かた》を紹介《しょうかい》します
ささげのかわりにあずきを使《つか》っても、同じようにつくれます。

赤《せき》飯《はん》

赤飯《せきはん》には、ふだん食べているうるち米《まい》ではなく、もち米《ごめ》を使《つか》います。もち米《ごめ》をささげのゆで汁《じる》で炊《た》くことで、もち米《ごめ》のあまみに豆のうまみがくわわります。

材《ざい》料《りょう》

・もち米《ごめ》…2合　・ささげ…35g　・砂糖《さとう》…大さじ2分の1
・塩《しお》…少々《しょうしょう》　・ごましお…ひとつまみ

1 もち米《ごめ》をとぐ

もち米《ごめ》をとぎ、ざるに入れて30分以上《いじょう》、水きりをする。

もち米《ごめ》の水けをしっかりきると、おいしく炊《た》きあがるよ！

2 ささげをゆでる

なべにささげとたっぷりの水を入れて、ふっとうするまでゆでる。

3 ゆで汁《じる》をすてる

なべの火を止めて、ざるにあげる。煮汁《にじる》はすてる。

4 ささげを煮《に》る

ささげをなべにもどし、水を1カップ入れて、中火で煮《に》る。煮汁《にじる》が少なくなってきたら、ささげがかくれるくらいまで水をたす。

ひとつぶとってかんでみよう。歯《は》ごたえが少し残《のこ》るくらいのかたさが、ゆでおわりのめやす。

5 ささげと煮汁《にじる》をわけてさます

ざるとボウルを重《かさ》ねて、なべの中身《なかみ》をあける。
ささげと煮汁《にじる》をわけ、器《うつわ》にうつしてさます。

熱《あつ》さがなくなるまでしっかりさまそう！

6 炊飯器《すいはんき》で炊《た》く

炊飯器《すいはんき》にもち米《ごめ》、煮汁《にじる》、ささげ、砂糖《さとう》、塩《しお》を入れ、少しかきまぜてから炊飯器《すいはんき》のスイッチを入れる。

▶煮汁《にじる》は、炊飯器《すいはんき》の目盛《めも》りを見て、白米2合を炊《た》くときよりもやや少ない量《りょう》になるように入れる。煮汁《にじる》がたりなければ、水をたす。

7 蒸《む》らして、かきまぜる

赤飯《せきはん》が炊《た》きあがったら、炊飯器《すいはんき》を開《あ》けずに蒸《む》らす。5分たったら、ふたを開《あ》けてかきまぜる。

8 ごましおをかける

茶わんに盛《も》って、ごましおをふりかける。

あずきの加工食品《かこうしょくひん》

あん

あんは、あずきをやわらかく煮《に》て、砂糖《さとう》をくわえたものです。
あずき以外《いがい》の食べものからつくるあんもあります。

あずきのあんは日本生まれ？

あんは、中国《ちゅうごく》から伝《つた》わってきたものです。今では「あん」といえばあずきのあんが一般的《いっぱんてき》ですが、もともとのあんは、まんじゅうなどの中に入れる具《ぐ》のことをさします。

平安時代《へいあんじだい》に中国《ちゅうごく》から伝《つた》わったまんじゅうには、肉のあんが入っていました。当時《とうじ》のお坊《ぼう》さんたちは肉を食べることを禁止《きんし》されていたので、かわりに豆を使《つか》ったあんをまんじゅうにつめるようになり、このことがきっかけで、あずきを使《つか》ったあんが生まれたといわれています。

あんの種類《しゅるい》

あんの種類《しゅるい》は、つくり方《かた》とできあがったあんの状態《じょうたい》でわけられます。

つぶあん

煮《こ》たあずきに水と砂糖《さとう》をくわえ、豆の形をくずさないように煮《に》つめたもの。皮《かわ》が残《のこ》っていて、あずきのうまみも強い。

こしあん

煮《に》たあずきをつぶして皮《かわ》をとり、こして水けをきってから、水と砂糖《さとう》をくわえて煮《に》つめたもの。皮《かわ》もつぶも残《のこ》っていないので、口当たりがなめらか。

さらしあん

こしあんになる前の「生《なま》あん」を乾燥《かんそう》させて、粉状《こなじょう》にしたもの。水をくわえてもどしてから使《つか》う。

あずき以外《いがい》の豆や食べものもあんになる

あんには、こい茶色のあずきのあんだけではなく、白色や緑色《みどりいろ》、黄色などの色あざやかなあんもあります。これらは、あずき以外《いがい》の豆も使《つか》ってつくられています。豆以外《いがい》では、くり、かぼちゃ、さつまいもなどもあんの材料《ざいりょう》になります。

あんになる豆、ならない豆

あずきのように、炭水化物《たんすいかぶつ》（デンプン）が多い豆は、あんになります。しかし、大豆《だいず》や落花生《らっかせい》のように、タンパク質《しつ》や脂質《ししつ》が多い豆は、あんにはなりません。

あんにできる

あんにできない

さまざまな色のあん

白あん

おもに白いんげん(→113ページ)からつくるあん。白あずきを使《つか》うと、上品《じょうひん》な味《あじ》のあんになる。

うぐいすあん

おもに青えんどう(→131ページ)からつくるあん。あんの色（うぐいす色）から名づけられた。

変《か》わりあん

くりやかぼちゃ、さつまいもなどからつくったあんや、白あんに抹茶《まっちゃ》や卵《たまご》の黄身《きみ》、ゆずなどのくだものをねりこんだあんもある。

こしあんができるまで

つぶあんとこしあんは、とちゅうまではつくり方《かた》が同じです。
こしあんは、煮《に》た豆の皮《かわ》をとり、ふるいにかけてこして、乾燥《かんそう》させ、水と砂糖《さとう》をくわえます。

1 あずきを洗《あら》う

機械《きかい》を使《つか》って、あずきをよく洗《あら》う。

◀あんづくりに使《つか》うあずき。

▶機械《きかい》を使《つか》って、皮《かわ》についたよごれを洗《あら》い流《なが》す。

2 あずきを煮《に》る

強火であずきを煮《に》て、皮《かわ》をやわらかくする。一度《いちど》「渋《しぶ》きり」をおこない、きれいなお湯《ゆ》でさらに煮《に》こむ。

渋《しぶ》きり

あずきを煮《に》ると、豆の中のしぶみやにがみが「あく」となり、煮汁《にじる》がにごるようにして出てくる。あくがとけだした煮汁《にじる》をすてることを「渋《しぶ》きり」という。

▲あずきから出てくるあく。

▲火の通りかげんの判断《はんだん》は、機械《きかい》にまかせずに、職人《しょくにん》が確認《かくにん》する。

つぶあんにもなる！

煮《に》こんでやわらかくなったあずき（皮《かわ》がついたままの状態《じょうたい》）に水や砂糖《さとう》をくわえてかきまぜ、あまさやかたさを調整《ちょうせい》しながら、時間をかけて煮《に》つめると、つぶあんができます。

▶できあがったつぶあん。

3 ふるいにかけて、こす

煮《に》こんだあずきをすりつぶして、回転《かいてん》する筒状《つつじょう》の大きなふるいにかけて、皮《かわ》をとりのぞく。

▲筒状《つつじょう》のふるいを回転《かいてん》させる機械《きかい》。回転《かいてん》させて、すりつぶしたあずきをこす。

4 水にさらす

水をくわえて、あずきについているよぶんな成分《せいぶん》をとりのぞく。

▲大量《たいりょう》の水にさらすことで、よぶんなものがなくなる。

5 水けをきる

機械《きかい》であずきの汁《しる》をしぼり、水けをきる。この状態《じょうたい》のあんを「生《なま》あん」という。

▶機械《きかい》の中では、あずきの汁《しる》が入ったふくろがおされていて、水分がしぼりとられる。

さらしあんにもなる！

生《なま》あんを乾燥《かんそう》させて、水分をなくすと、さらしあんができる。砂糖《さとう》は入っていないので、あまくない。

▶できあがったさらしあん。

6 あんをねる

生《なま》あんに水や砂糖《さとう》などをくわえてまぜ、煮《に》つめて仕上《しあ》げる。

▲あまさやかたさをととのえると、こしあんができあがる。

▶できあがったこしあん。

あんは和菓子《わがし》の主役《しゅやく》

アメリカやヨーロッパから伝《つた》わった洋菓子《ようがし》に対《たい》して、日本の伝統的《でんとうてき》なお菓子《かし》を和菓子《わがし》といいます。和菓子《わがし》には、あんを使《つか》ったものが多くあります。

▲さまざまなかたさや色、形をつくることができるあんは、細工《さいく》やいろどりが特徴《とくちょう》の和菓子《わがし》づくりにかかせない。

あんが和菓子《わがし》を発展《はってん》させた

今食べられている和菓子《わがし》の多くは、江戸時代《えどじだい》につくられたものです。江戸時代《えどじだい》のはじめごろまでは、砂糖《さとう》を外国から輸入《ゆにゅう》していました。砂糖《さとう》をたくさん使《つか》うあんは貴重《きちょう》な食べもので、一《いっ》般《ぱん》の人びとはほとんど口にすることができませんでした。

しかし、江戸時代《えどじだい》の中ごろに国内で砂糖《さとう》がつくられるようになり、多くの人があんを食べられるようになりました。やがて、あんのつくり方《かた》や細工《さいく》のしかたがくふうされ、あんを使《つか》ったさまざまな和菓子《わがし》がつくられるようになったのです。

あんを使《つか》ったおもな和菓子《わがし》

ようかん

あんに砂糖《さとう》と寒天《かんてん》をくわえて煮《に》つめ、型《かた》に入れてかためたもの。水分を多くして口どけをよくした「水ようかん」もある。

かのこ

ぎゅうひ（もち米《ごめ》の粉《こな》でつくったもち状《じょう》のもの）やようかんをあんでつつみ、まわりに煮《に》たあずきやくりなどをつけたもの。

もなか

もち米《ごめ》からつくった皮《かわ》であんをはさんだもの。あんにくりやぎゅうひを入れるものもある。

茶通《ちゃつう》

小麦粉《こむぎこ》、卵白《らんぱく》、砂糖《さとう》、抹茶《まっちゃ》でつくった皮《かわ》であんをつつんで、焼《や》いたもの。

石ごろも

あんでつくった玉を白い砂糖《さとう》のころもでつつんだもの。

おはぎ

もち米《ごめ》とうるち米《まい》でつくったもちをあんでつつんだもの。春と秋のお彼《ひ》岸《がん》（3月18日～24日ごろ、9月20日～26日ごろ）のお供《そな》えものにする。

柏《かしわ》もち

うるち米《まい》の粉《こな》でもちをつくってあんをつつみ、さらに柏《かしわ》の葉《は》でつつんだもの。端《たん》午《ご》の節《せっ》句《く》（5月5日）にちまきといっしょに食べる。

大《だい》福《ふく》

あんをうすいもちの皮《かわ》でつつんだもの。もちに豆を入れたり、あんにくだものを入れたりすることもある。

桜《さくら》もち

もちであんをつつみ、塩《しお》づけした桜《さくら》の葉《は》で巻《ま》いたもの。ひな祭《まつ》り（3月3日）に食べる。関《かん》東《とう》地方と関《かん》西《さい》地方とで、材《ざい》料《りょう》やつくり方《かた》がことなる。

中《ちゅう》花《か》

小《こ》麦《むぎ》粉《こ》、卵《たまご》、砂《さ》糖《とう》でつくった生《き》地《じ》を焼《や》き、あんやぎゅうひをつつんだもの。魚のアユの形にした「あゆ焼《や》き」が代表的《だいひょうてき》なもの。

きんつば

形をととのえたあんに水でといた小《こ》麦《むぎ》粉《こ》をつけ、鉄《てっ》板《ぱん》などで焼《や》いたもの。

まんじゅう

小《こ》麦《むぎ》粉《こ》または米《こめ》粉《こ》でつくった生《き》地《じ》であんをつつみ、蒸《む》したもの。ピンクと白のまんじゅう（紅《こう》白《はく》まんじゅう）を、おいわいのときに食べる。

ねりきり

白あんにもち米《ごめ》の粉《こな》やぎゅうひをくわえてよくねったもの。食紅《しょくべに》などで色をつけ、さまざまな形に仕《し》上《あ》げた色あざやかな和菓子《わがし》。

つくってみよう!

あんを使《つか》った料理《りょうり》

あずきを煮《に》て砂糖《さとう》をくわえれば、手づくりのあんをつくることができます。ここでは、あずきからつくるおしるこのつくり方《かた》を紹介《しょうかい》します。

おしるこ（ぜんざい）

つぶあんの汁《しる》ものにもちを入れた、和風《わふう》のあたたかいデザートです。関東《かんとう》地方ではおしるこ、関西《かんさい》地方ではぜんざいとよばれています。

材《ざい》料《りょう》

・あずき…250ｇ　・砂糖《さとう》…200ｇ
・塩《しお》…少々《しょうしょう》　・切りもち…4個《こ》　・水…8カップ

1 あずきをゆでる

さっと洗《あら》ったあずきとたっぷりの水をなべに入れ、強火でゆでる。

2 ゆで汁《じる》をすてる

ふっとうしてゆで汁《じる》にうすく色がついてきたら火を止めて、あずきをざるにあげる。ゆで汁《じる》はすてる。

3 あずきを煮《に》る

なべにあずきをもどし、水8カップを入れて、強火で煮《に》る。ふっとうしたら、中火にして煮《に》つづける。

4 あくをすくいとる

あずきを煮《に》ていると、煮《に》汁《じる》の表面《ひょうめん》に細かいあわのようなあくがたまるので、おたまですくいとってすてる。

あくはしばらく出つづけるので、ある程度《ていど》たまってからすくいとろう！

5 水をたす

なべの汁《しる》が減《へ》ってきたら、こまめに水をたす。

煮汁《にじる》であずきがかくれるぐらいがちょうどよい。水のたしすぎには注意《ちゅうい》。

6 砂糖《さとう》と塩《しお》を入れる

あずきがやわらかくなったら弱火にして、砂糖《さとう》を少しずつ入れ、木べらでまぜながらとかしていく。砂糖《さとう》が全体《ぜんたい》にとけこんだら、塩《しお》をくわえてよくまぜてから、火を止める。

この状態《じょうたい》から、水けがなくなるまで煮《に》つめると、つぶあんができるよ！

7 もちをあたためる

水でぬらした切りもちを耐熱皿《たいねつざら》にならべ、電子レンジであたためる。

8 盛《も》りつけて、おもちを入れる

煮《に》こんだあずきをおわんに盛《も》りつけ、もちを入れる。

ところ変《か》われば、おしるこも変《か》わる!?

関東《かんとう》地方と関西《かんさい》地方のどちらにも、おしることぜんざいがあります。おしることぜんざいは、どこがちがうのでしょうか。

右の図を見ると、関東《かんとう》地方のおしること関西《かんさい》地方のぜんざいが、ほぼ同じものであることがわかります。同じ料理《りょうり》でも、地域《ちいき》によってよび名がことなるのです。

関東《かんとう》 汁《しる》けがあるかどうかで区別《くべつ》します。

おしるこ
つぶあんの汁《しる》ものに、おもちや白玉《しらたま》を入れたもの。

ぜんざい
汁《しる》けのないつぶあんに、白玉《しらたま》やおもちをあわせたもの。

ある ← 汁《しる》け → なし

関西《かんさい》 あずきのつぶがあるかどうかで区別《くべつ》します。

おしるこ
つぶのないこしあんの汁《しる》ものに、丸もちや白玉《しらたま》を入れたもの。

ぜんざい
つぶあんの汁《しる》ものに、丸もちや白玉《しらたま》を入れたもの。

ある ← つぶ → なし

緑豆《りょくとう》

緑《りょく》豆《とう》ってどんな豆？

緑豆《りょくとう》は、あずきに近い種類《しゅるい》の豆です。
「青あずき」ともよばれています。

緑《りょく》豆《とう》はインド生まれ

緑豆《りょくとう》はあずきに近い種類《しゅるい》の緑色《みどりいろ》の豆で、インドが原産地《げんさんち》です。インドから世界中《せかいじゅう》に伝《つた》わり、中国《ちゅうごく》や東南アジアの国ぐに、アフリカ、南北アメリカ大陸《たいりく》、オーストラリアなどでも栽培《さいばい》されています。

日本でも江戸時代《えどじだい》のはじめごろには栽培《さいばい》されていましたが、日本の気候《きこう》が緑豆《りょくとう》の栽培《さいばい》に適《てき》していないため、今ではあまり栽培《さいばい》されていません。中《ちゅう》国《ごく》やミャンマーなどから緑豆《りょくとう》を輸入《ゆにゅう》して、豆を成《せい》長《ちょう》させて、もやしにして食べています。

緑《りょく》豆《とう》の熟《じゅく》した豆

緑色《みどりいろ》の豆で、あずきのように炭水《たんすい》化物《かぶつ》(デンプン) が多めです。

形はあずきに似《に》ている。あずきよりやや小さく、豆の大きさは3～5mmほど。

国によってちがう緑《りょく》豆《とう》の使《つか》い方《かた》

日本ではおもに豆もやしにして食べていますが、インドや中国《ちゅうごく》では緑《りょく》豆《とう》を加工《かこう》したり、豆そのものを料理《りょうり》に使《つか》ったりして食べています。

インド 緑《りょく》豆《とう》のダル

インドでは、豆の皮《かわ》をむいて中身《なかみ》をふたつに割《わ》ったものを「ダル」という。緑豆《りょくとう》のダルはカレーなどの材料《ざいりょう》によく使《つか》われる。

日本 豆もやし

暗《くら》い場所《ばしょ》で成長《せいちょう》させた緑豆《りょくとう》の若《わか》い芽《め》と茎《くき》を、豆もやしとして食べる。

中国《ちゅうごく》 緑《りょく》豆《とう》春《はる》雨《さめ》

中国《ちゅうごく》では、緑豆《りょくとう》のデンプンを春雨《はるさめ》に加工《かこう》して食べるほか、豆そのものもあんや料理《りょうり》の材料《ざいりょう》などに、広く使《つか》われる。

緑豆春雨《りょくとうはるさめ》

緑豆《りょくとう》の加工食品《かこうしょくひん》

緑豆春雨《りょくとうはるさめ》は、中国《ちゅうごく》でつくられた緑豆《りょくとう》の加工食品《かこうしょくひん》です。
緑豆《りょくとう》のデンプンを細長い糸のように加工《かこう》して乾燥《かんそう》させたものです。

豆のデンプンでつくる春雨《はるさめ》

緑豆春雨《りょくとうはるさめ》は、緑豆《りょくとう》からとりだしたデンプンを、細い糸のようにかためて、乾燥《かんそう》させたものです。ゆでてもどしたものを、スープやサラダに入れたり、めんのように食べたりします。

日本でもじゃがいもなどのデンプンを使《つか》った春雨《はるさめ》がつくられていますが、緑豆春雨《りょくとうはるさめ》のほうが煮《に》たときに形がくずれにくいため、中国《ちゅうごく》などでつくられた緑豆春雨《りょくとうはるさめ》が多く輸入《ゆにゅう》されています。

▲乾燥《かんそう》しているので、水やお湯《ゆ》につけて、もどしてから使《つか》う。

緑豆春雨《りょくとうはるさめ》ができるまで

春雨《はるさめ》づくりは、緑豆《りょくとう》をすりつぶしてデンプンをとりだすところからはじまります。日本では原料《げんりょう》になる緑豆《りょくとう》が育《そだ》ちにくいので、おもに中国《ちゅうごく》でつくられています。

1 豆をすりつぶす

水にひたしてやわらかくした緑豆《りょくとう》を機械《きかい》ですりつぶして、緑豆《りょくとう》の豆乳《とうにゅう》をつくる。

▶機械《きかい》で大量《たいりょう》の緑豆《りょくとう》をすりつぶす。

2 デンプンをとりだす

豆乳《とうにゅう》をかめに入れて発酵《はっこう》させ、デンプンをとりだす。

▶発酵《はっこう》した豆乳《とうにゅう》を、デンプンとうわずみ液《えき》にわける。

3 デンプンを加工《かこう》する

デンプンを細い糸のようにおしだしながら、熱《あつ》い湯《ゆ》に落《お》とす。湯《ゆ》の中でデンプンがかたまったらすぐに、つめたい水で冷《ひ》やす。春雨《はるさめ》がやわらかいうちに冷凍室《れいとうしつ》でこおらせ、そのあとで天日《てんぴ》に当てて乾燥《かんそう》させる。

▶下の容器《ようき》に落《お》ちたデンプンは、高温《こうおん》の湯《ゆ》でかためられる。

育《そだ》ててみよう！

豆もやしを栽培《さいばい》する

緑豆《りょくとう》の豆もやしを栽培《さいばい》します。とうめいなイチゴパックを使《つか》えば、いろいろな角度《かくど》から発芽《はつが》のようすを観察《かんさつ》できます。

もやしの多くは緑豆《りょくとう》のもやし

もやしは、植物《しょくぶつ》の種《たね》を人工的《じんこうてき》に発芽《はつが》・成長《せいちょう》させたものです。わたしたちが食べているのは、若《わか》い芽《め》と、白く細長い茎《くき》です。ほとんどのもやしは豆からつくられる豆もやしで、とくに緑豆《りょくとう》のもやしが多く食べられています。

豆もやしは、家にあるものを使《つか》って、かんたんに栽培《さいばい》することができます。発芽《はつが》しやすい環境《かんきょう》をととのえれば、1週間ほどで食べられる大きさに成長《せいちょう》します。

豆が発芽《はつが》するための環境《かんきょう》

豆の発芽《はつが》には、適度《てきど》な水分と気温《きおん》、光の当たらない場所《ばしょ》が必要《ひつよう》となる。土の中で発芽《はつが》するのと同じような環境《かんきょう》をととのえることで、人工的《じんこうてき》に発芽《はつが》させることができる。

1 栽培《さいばい》の準備《じゅんび》をする

緑豆《りょくとう》（グリーンマッペ）は、園芸店《えんげいてん》や豆の専門店《せんもんてん》で購入《こうにゅう》します。ほかの道具《どうぐ》は、同じように使《つか》えるものであれば、家にあるものを代《か》わりに使《つか》ってもよいでしょう。

豆もやし栽培《さいばい》に必要《ひつよう》なもの

イチゴパック
（穴《あな》をあけてもよい容器《ようき》）

緑豆《りょくとう》
（グリーンマッペ）

受《う》け皿《ざら》

キリ（穴《あな》をあける道具《どうぐ》）

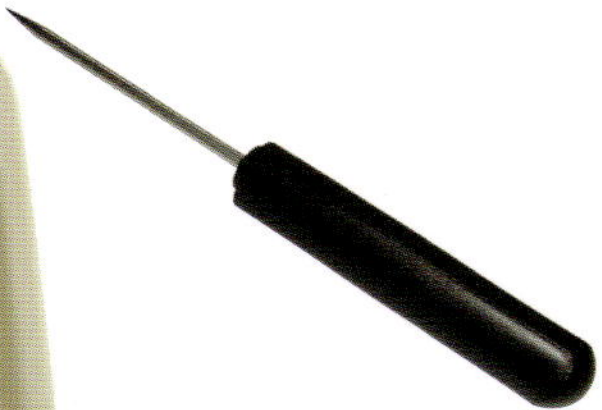

油性《ゆせい》ペン

消《け》しゴム

キッチンペーパー

霧吹《きりふ》き

段《だん》ボール箱《ばこ》

2 イチゴパックに穴《あな》をあける

イチゴパックに、水ぬきのための小さな穴《あな》をあけます。油性《ゆせい》ペンで印《しるし》をつけます。キリと消《け》しゴムを使《つか》えば、かんたんに穴《あな》をあけられます。

▲油性《ゆせい》ペンで穴《あな》をあける場所《ばしょ》に印《しるし》をつける。

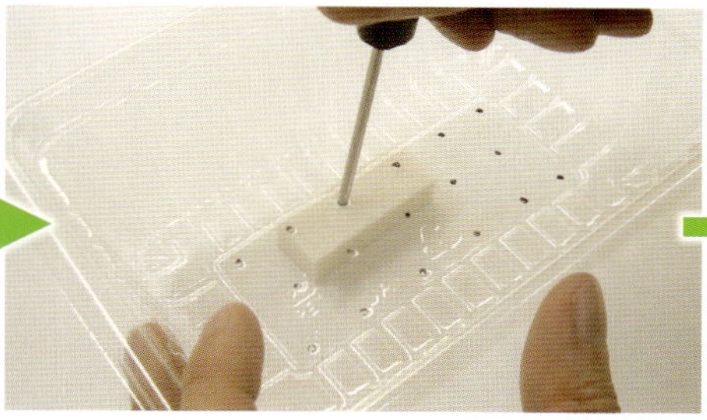

▲印《しるし》の下に消《け》しゴムをおき、上からキリでつきさす。

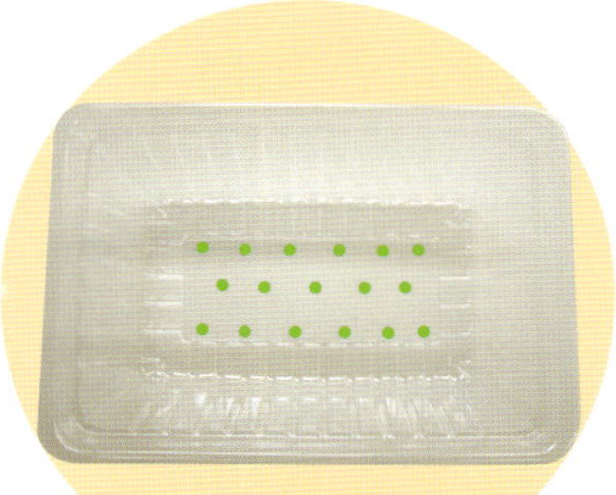

▲かたよらないように、10か所《しょ》以上《いじょう》に穴《あな》をあける。

3 緑豆《りょくとう》を水にひたす

緑豆《りょくとう》を水で洗《あら》い、傷《きず》がついているものや皮《かわ》がやぶれているものがあればとりのぞきます。緑豆《りょくとう》を水に12時間ほどひたして、水を吸《す》わせます。

▲水につけたばかりの緑豆《りょくとう》。

12時間後

▲水を吸《す》ってふくらんだ緑豆《りょくとう》。

豆は夏と冬に弱い？

豆を発芽《はつが》させるときに注意《ちゅうい》しなくてはならないのは、季節《きせつ》による気温《きおん》の変化《へんか》です。気温《きおん》が高すぎたり、低《ひく》すぎたりすると、発《はつ》芽《が》しにくくなります。夏は、風通しのよい場所《ばしょ》で栽培《さいばい》し、冬は暖房《だんぼう》のついたあたたかい場所《ばしょ》で栽培《さいばい》するようにしましょう。

夏 40℃以上《いじょう》になると、発芽《はつが》しない豆が多くなる。また、水もくさりやすい。

冬 10℃以下《いか》になると、発芽《はつが》にかかる時間がとても長くなる。

4 イチゴパックに豆をならべる

穴《あな》をあけたイチゴパックにキッチンペーパーをしきます。水につけておいた緑豆《りょくとう》を水で一度《いちど》洗《あら》い、水けをきってからイチゴパックにならべます。

▶緑豆《りょくとう》が重《かさ》ならないようにならべる。

5 緑豆《りょくとう》に水をあたえる

霧吹《きりふ》きで緑豆《りょくとう》にまんべんなく水をかけ、段《だん》ボール箱《ばこ》を上からかぶせて光が当たらないようにします。水やりは、緑豆《りょくとう》がもやしになるまで、1日に3回ほどおこないます。キッチンペーパーにしみこんだ水が悪《わる》くなるとすっぱいにおいがするので、緑豆《りょくとう》を水ですすいで、キッチンペーパーをとりかえましょう。

▲成長《せいちょう》のとちゅうは水が悪《わる》くなりやすい。霧吹《きりふ》きで豆がひたらない程度《ていど》に水を吹《ふ》きかける。また、こまめにキッチンペーパーをとりかえる。

▲段《だん》ボール箱《ばこ》をかぶせて、光が当たらないようにする。夏場の暑《あつ》い時《じ》期《き》は、通気性《つうきせい》のよい布《ぬの》などをかけて、暗《くら》い場所《ばしょ》におくようにする。

豆もやしの成長《せいちょう》

気温《きおん》にもよるが、1～2日で発芽《はつが》してその後3～5日ほどで、食べられる大きさまで成長《せいちょう》する。成長《せいちょう》しすぎるとくさってしまうので注意《ちゅうい》する。食べるときは、しっかりと水洗《みずあら》いして皮《かわ》をとってから、料理《りょうり》に使《つか》う。

2日目

▲豆が発芽《はつが》する。皮《かわ》がやぶけて、小さな根《ね》が出る。

3日目

▲皮《かわ》がはずれて、茎《くき》がのびる。

4日目

▲茎《くき》が太くなり、もやしらしいすがたになる。

5～7日目

▲もやしとして食べられる大きさに成長《せいちょう》する。

いろいろな豆のもやしを見てみよう

もやしをつくることができるのは緑豆《りょくとう》だけではありません。いろいろな豆のもやしを見てみましょう。

▲発芽《はつが》する前の豆。生の豆を使《つか》えば、緑豆《りょくとう》と同じように、イチゴパックでいろいろな豆もやしを育《そだ》てることができる。

大豆《だいず》

大豆《だいず》からつくる豆もやしもよく食べられている。緑豆《りょくとう》にくらべるとやや太くて長いもやしになる。

あずき

緑豆《りょくとう》に近い種類《しゅるい》の豆なので、細いもやしができる。

ささげ

あずきと同じように、緑豆《りょくとう》に近いもやしができる。

いんげん豆（虎豆《とらまめ》）

特徴《とくちょう》のあるもようの豆だが、白いもやしができる。

べにばないんげん（白花豆《しろはなまめ》）

豆が大きい分、太いもやしができる。

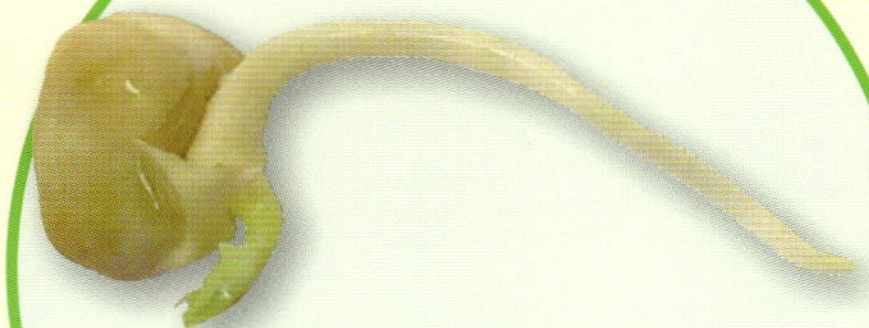

えんどう（青えんどう）

緑豆《りょくとう》と同じくらいの細さで、長いもやしができる。

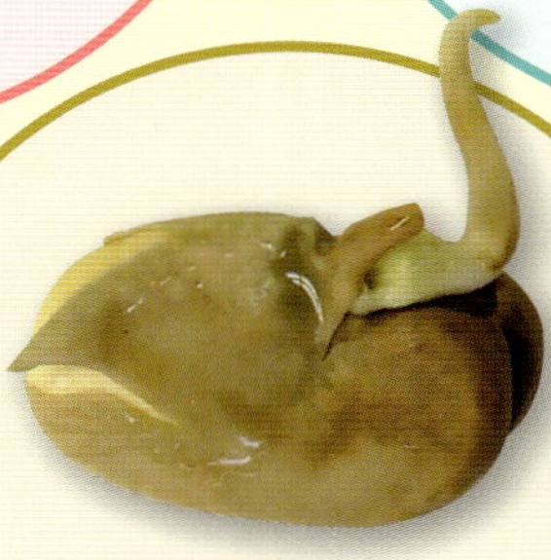

そら豆

発芽《はつが》するのに時間がかかるが、太いもやしができる。

落花生《らっかせい》

太いもやしで、ピーナッツスプラウトという名で売られている。

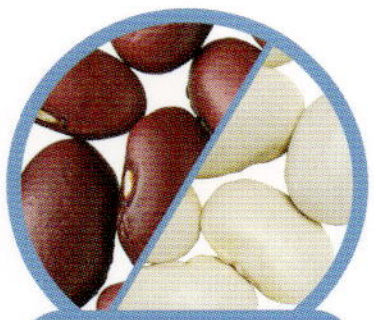

いんげん豆・べにばないんげん

いんげん豆ってどんな豆？

いんげん豆は、マメのなかまの中でもっとも品種《ひんしゅ》が豊富《ほうふ》な豆です。
また、いんげん豆に近い種類《しゅるい》で「べにばないんげん」という豆もあります。

いんげん豆は種類《しゅるい》がたくさん

いんげん豆は、品種《ひんしゅ》が豊富《ほうふ》なことでよく知られています。世界《せかい》で栽培《さいばい》されている品種《ひんしゅ》の数《かず》は1000種《しゅ》以上《いじょう》といわれています。

いんげん豆は、熟《じゅく》した豆を食べる品種《ひんしゅ》と、熟《じゅく》す前の若《わか》ざやを食べる品種《ひんしゅ》にわけられます。熟《じゅく》した豆を収穫《しゅうかく》するいんげん豆のなかまは、9割《わり》以上《いじょう》が北海道《ほっかいどう》で栽培《さいばい》されています。若《わか》ざやを食べるさやいんげんは、千葉県《ちばけん》、鹿児島県《かごしまけん》、福島県《ふくしまけん》で多く栽《さい》培《ばい》されています。

いんげん豆の熟《じゅく》した豆

ややくぼんだ形、またはだ円形をしています。大きさは5～20mmで、色やもようは、品種《ひんしゅ》によってことなります。

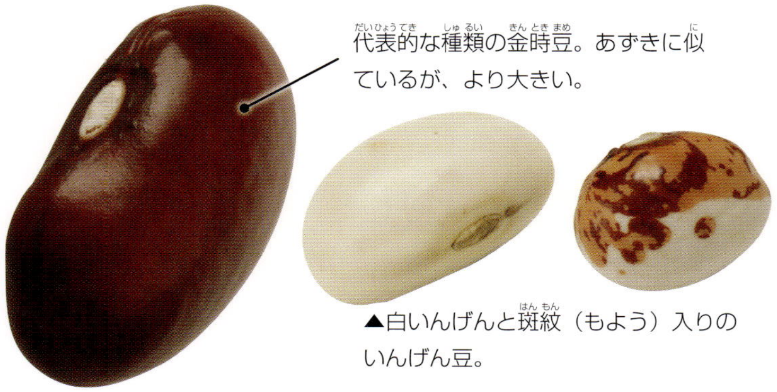

代表的《だいひょうてき》な種類《しゅるい》の金時豆《きんときまめ》。あずきに似《に》ているが、より大きい。

▲白いんげんと斑紋《はんもん》（もよう）入りのいんげん豆。

いんげん豆の株《かぶ》

品種《ひんしゅ》によって、つるがのびるものとつるがないものがあります。

▼つるがない品種《ひんしゅ》の株《かぶ》。高さは50cmほどにしかならない。

▼つるがのびる品種《ひんしゅ》の株《かぶ》。つるがまわりのものに巻《ま》きつき、最《さい》長《ちょう》で3mほどに成長《せいちょう》する。

いんげん豆の若《わか》ざや

さやがかたい品種《ひんしゅ》とやわらかい品種《ひんしゅ》があります。かたい品種《ひんしゅ》は熟《じゅく》した豆を、やわらかい品種《ひんしゅ》は熟《じゅく》す前に若《わか》ざやを食べます。

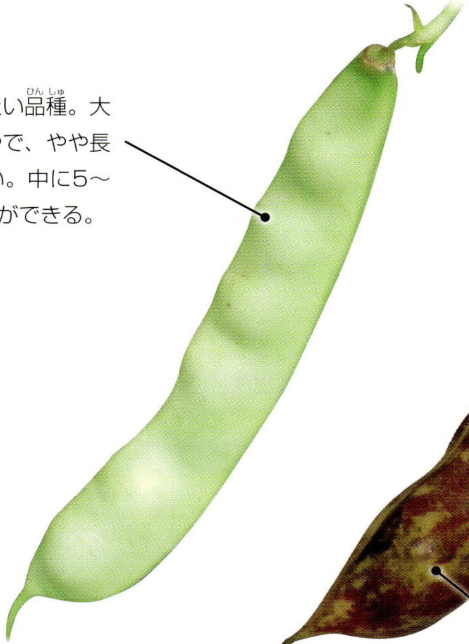

さやがかたい品種《ひんしゅ》。大きめのさやで、やや長めで平《ひら》たい。中に5～7つぶの豆ができる。

熟《じゅく》すとちゅうで、さやに色やもようが入るものもある。

さやがやわらかい品種《ひんしゅ》。「さやいんげん」として、熟《じゅく》す前の若《わか》ざやを食べる。

観賞用《かんしょうよう》だったべにばないんげん

べにばないんげんは、いんげん豆に近い別《べつ》の種類《しゅるい》の豆です。江戸時代《えどじだい》のおわりごろに、観賞用《かんしょうよう》の植物《しょくぶつ》として日本に伝《つた》わりました。食用に栽培《さいばい》されるようになったのは、明治時代《めいじじだい》になってからです。

べにばないんげんの株《かぶ》と花

いんげん豆とちがい、つるがのびる品種《ひんしゅ》のみです。成長《せいちょう》すると、大きくてきれいな花をたくさん咲《さ》かせます。

▼べにばないんげんの赤い花。白い花が咲《さ》く品種《ひんしゅ》もある。

べにばないんげんの熟《じゅく》した豆

べにばないんげんの豆を「花豆《はなまめ》」とよびます。くぼみが目立つ豆で、大きさは18～25mmもあります。

白花豆《しろはなまめ》の熟《じゅく》した豆。平《ひら》たくて大つぶ。

べにばないんげんの若《わか》ざや

大きな豆が育《そだ》つので、やや横《よこ》はばの広い大ぶりのさやができます。いんげん豆のさやとくらべると、表面《ひょうめん》がややざらついています。

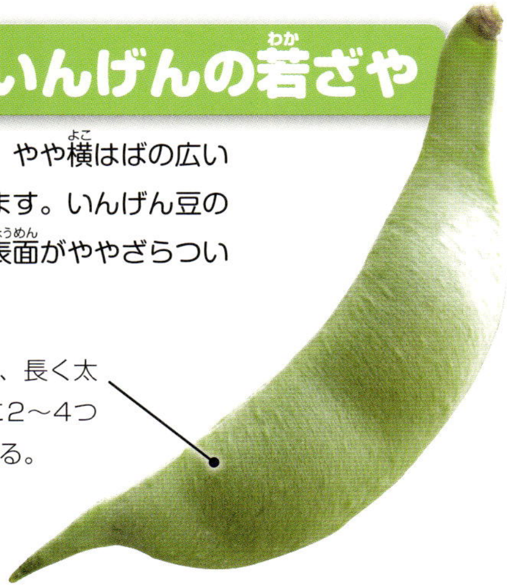

▶成長《せいちょう》すると、長く太くなり、中に2～4つぶの豆ができる。

いんげん豆・べにばないんげん

いんげん豆のいろいろ

いんげん豆やべにばないんげんは、ほかのマメのなかまとちがって
かわいらしいもようの豆がたくさんあります。

色やもようが豊富《ほうふ》ないんげん豆

いんげん豆やべにばないんげんの熟《じゅく》した豆には、赤紫色《あかむらさきいろ》や白色のもののほかに、独特《どくとく》なもようが入っているもの（斑紋《はんもん》入り）がたくさんあります。これらのもよう入りの豆の多くは、一部《いちぶ》の地域《ちいき》のかぎられた地域《ちいき》で古くから栽培《さいばい》されている品種《ひんしゅ》（在来種《ざいらいしゅ》）で、人気があります。

また、いんげん豆は熟《じゅく》す前の若《わか》ざやも、さやいんげんとして食べられています。さやいんげんにもいくつかの品種《ひんしゅ》があり、それぞれが特徴《とくちょう》のあるさやの形をしています。

もよう入りの豆ができるのはなぜ？

いんげん豆にもよう入りの豆が多いのは、生きものが細胞《さいぼう》の中にもつ遺伝子《いでんし》にひみつがあります。遺伝子《いでんし》には、その生きものがどのようなすがたになるかを決《き》める情報《じょうほう》がふくまれています。たとえば、大豆《だいず》が黄色いのは、皮《かわ》が黄色くなる遺伝子《いでんし》をもっているからです。

もよう入りの豆も同じです。いんげん豆には、ほかのマメのなかまとちがって、皮《かわ》にさまざまなもようが入る遺伝子《いでんし》があります。さらに、もようが入る場所《ばしょ》を決《き》める遺伝子《いでんし》もあります。これらの遺伝子《いでんし》が組みあわさることで、さまざまなもよう入りのいんげん豆ができているのです。

ふしぎなもようが入っている虎豆《とらまめ》

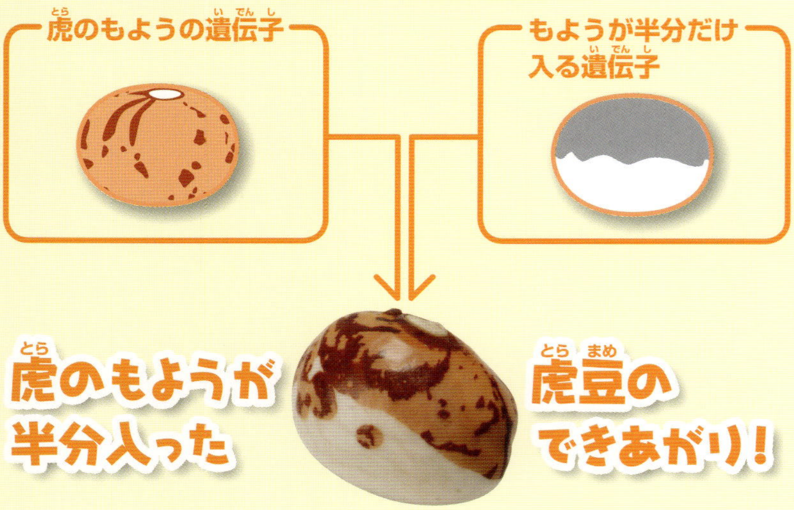

金《きん》時《とき》豆《まめ》 もっとも生《せい》産《さん》量《りょう》の多いいんげん豆

日本で栽培《さいばい》されているいんげん豆（熟《じゅく》した豆）の半分以上《いじょう》が金時豆《きんときまめ》です。あざやかな赤紫色《あかむらさきいろ》の金時豆《きんときまめ》と、真《ま》っ白《しろ》な白金時豆《しろきんときまめ》があります。

▲金《きん》時《とき》豆《まめ》の煮《に》豆《まめ》。

金《きん》時《とき》豆《まめ》

「赤いんげん」ともよばれる。豆の形がととのっていて味《あじ》もよいので、煮《に》豆《まめ》やあまなっとうに使《つか》われる。

▲白《しろ》金《きん》時《とき》豆《まめ》でつくった白あんの和《わ》菓《が》子《し》。

白《しろ》金《きん》時《とき》豆《まめ》

白い金時豆《きんときまめ》で、生産量《せいさんりょう》は少なめ。煮《に》豆《まめ》や白あんの材料《ざいりょう》にもなる。

白いんげん 白あんやあまなっとうの材《ざい》料《りょう》になる

色の白いいんげん豆で、白金時豆《しろきんときまめ》とあわせて、「白いんげん」とよばれています。豆の味《あじ》にくせがないので、白あんやあまなっとうに使《つか》われます。

▲手《て》亡《ぼう》でつくった白あんが入ったあんパン。

手《て》亡《ぼう》

栽培《さいばい》するときに支《し》柱《ちゅう》（手《て》竹《だけ》）が必要《ひつよう》ないという意《い》味《み》で、この名がついた。ほとんどが白あんに加《か》工《こう》される。

▲大《おお》福《ふく》豆《まめ》でつくった豆きんとん。

大《おお》福《ふく》豆《まめ》

あまなっとうに使《つか》われることが多い。近《きん》畿《き》・九州《きゅうしゅう》地方では、おせち料《りょう》理《り》の豆きんとんなどにも使《つか》われる。

斑紋《はんもん》入り 煮《に》こんで豆のうまみを楽しむ

斑紋《はんもん》（まだらのもよう）が入ったいんげん豆で、それぞれにもようにちなんだ名前がつけられています。ごく一部《いちぶ》の地域《ちいき》で少量《しょうりょう》だけ生産《せいさん》されている在来種《ざいらいしゅ》が多くあります。煮豆《にまめ》、スープや煮《に》こみ料理《りょうり》、あまなっとうなどに使《つか》われます。

▲豆のうまみがとくに強い虎豆《とらまめ》を使《つか》った煮《に》こみ料理《りょうり》。

うずら豆

北海道《ほっかいどう》で古くから栽培《さいばい》されてきたいんげん豆。もようが鳥のウズラに似《に》ているので、この名がついた。

虎豆《とらまめ》

豆のへそのまわりが虎《とら》の毛皮《けがわ》のようなもようで残《のこ》りは白色という、ふしぎなもようの豆。やわらかくて煮《に》えやすいので、「煮《に》豆《まめ》の王様《おうさま》」とよばれている。

紅《べに》しぼり

虎豆《とらまめ》と金時豆《きんときまめ》をかけあわせてつくった品種《ひんしゅ》。紅白《こうはく》のもようが特徴《とくちょう》で、おもに栽培《さいばい》されている北海道《ほっかいどう》ではおいわいのときによく食べられている。

貝豆《かいまめ》

もようがあさりやしじみの貝がらに似《に》ているので、この名がついた。北《ほっ》海道《かいどう》の一部《いちぶ》の地域《ちいき》で栽培《さいばい》されている。

パンダ豆

パンダのような白と黒のもようが特徴《とくちょう》。「シャチ豆」ともよばれる。北海道《ほっかいどう》の一部《いちぶ》の地域《ちいき》で栽培《さいばい》されている。

緑貝豆《みどりかいまめ》

緑色《みどりいろ》のもようの貝豆《かいまめ》。北海道《ほっかいどう》のごく一部《いちぶ》の地《ち》域《いき》で栽培《さいばい》されている。

ビルマ豆

もようや形はうずら豆に似《に》ているが、大きさは半分ほど。北海道《ほっかいどう》の一部《いちぶ》の地域《ちいき》で栽培《さいばい》されていて、昔《むかし》はあずきのかわりにあんの材料《ざいりょう》にされることもあった。

さやいんげん

熟《じゅく》す前の若《わか》ざやを食べる

さやいんげんは、さやがやわらかい品種《ひんしゅ》の熟《じゅく》す前の若《わか》ざやを収《しゅう》穫《かく》したものです。さやには食べられないすじがありますが、すじができないように品種改良《ひんしゅかいりょう》されたものも増《ふ》えています。ゆでたあとで、さまざまな料理《りょうり》に使《つか》われます。

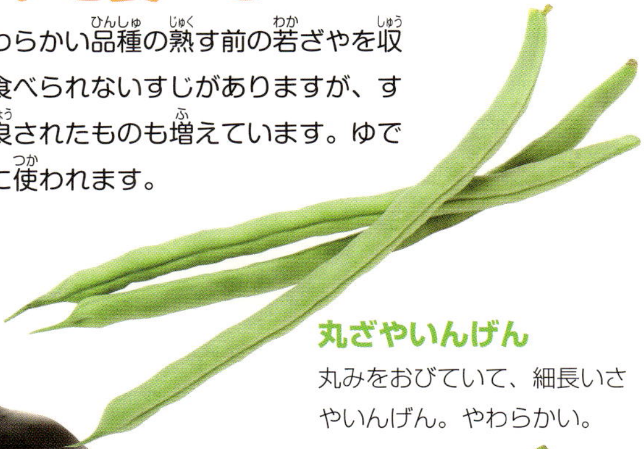

丸ざやいんげん

丸みをおびていて、細長いさやいんげん。やわらかい。

▲さやいんげんのごまあえ。

平《ひら》ざやいんげん

平《ひら》べったいさやが特徴《とくちょう》のさやいんげん。

ふじ豆のさやもさやいんげん？

関西《かんさい》地方で「いんげん」というと、下の写真《しゃしん》のふじ豆の若《わか》ざやをさすことがあります。ふじ豆はいんげん豆のなかまではありませんが、近い種類《しゅるい》でさやいんげんに似《に》ています。

いんげん豆は、江戸時代《えどじだい》に隠元禅師《いんげんぜんじ》という中国《ちゅうごく》のお坊《ぼう》さんが日本にもってきたといわれていますが、隠元禅師《いんげんぜんじ》がもってきたのはじつはふじ豆だったという説《せつ》もあります。

▲見た目はさやえんどうに近いふじ豆のさや。

べにばないんげん

花豆《はなまめ》

大つぶの豆の歯《は》ざわりを楽しむ

べにばないんげんの豆で、あまなっとうや煮豆《にまめ》に使《つか》われます。つぶがとても大きく、皮《かわ》も厚《あつ》いので煮《に》るのに時間はかかりますが、煮《に》えるとジャガイモのようなほくほくとした歯《は》ざわりになります。北海道《ほっかいどう》、東北《とうほく》地方、長野《ながの》県《けん》などの寒《さむ》い気候《きこう》の地域《ちいき》で栽培《さいばい》されています。

▲つぶが大きく、食べごたえのある白花《しろはな》豆《まめ》のあまなっとう。

白花豆《しろはなまめ》

白いんげんのように真《ま》っ白《しろ》な花豆《はなまめ》。

紫花豆《むらさきはなまめ》

紫色《むらさきいろ》に黒いもようが入った花豆《はなまめ》。

いんげん豆・べにばないんげん

いんげん豆ができるまで

いんげん豆のなかまには、茎《くき》がつるになってのびる品種《ひんしゅ》があります。つるがのびる品種《ひんしゅ》は、つるのない品種《ひんしゅ》とちがった成長《せいちょう》のしかたをします。

成長《せいちょう》するとつるがのびる

いんげん豆には、つるがのびる品種《ひんしゅ》とつるのない品種《ひんしゅ》があります。つるがのびる品種《ひんしゅ》は、芽《め》が出てしばらくすると苗《なえ》の先のほうがつるになり、まわりのものに巻《ま》きついて上にのびていきます。品種《ひんしゅ》にもよりますが、株《かぶ》の根《ね》もとからつるの先までで、2.5〜3mほどの長さに成長《せいちょう》します。

農《のう》作《さ》業《ぎょう》のようす

虎豆《とらまめ》の栽培《さいばい》は、5〜6月ごろに種《たね》をまき、9〜10月ごろに収穫《しゅうかく》します。

▶虎豆《とらまめ》のつるが巻《ま》きついてもたおれないように、支柱《しちゅう》（手竹《てだけ》）をななめに組みあわせて立てる。

いんげん豆の成長《せいちょう》

つるがのびる品種《ひんしゅ》で人気がある虎豆《とらまめ》の、成長《せいちょう》のようすを見てみましょう。

①葉《は》がひらく

発芽《はつが》した虎豆《とらまめ》は、子葉《しよう》の栄養《えいよう》を使《つか》って成長《せいちょう》し、大きな葉《は》をひらく。

②つるがのびる

苗《なえ》の先が長くのびて、まわりのものにからみつく。そこからさらに上にむかってのびていく。

▲つるは、左巻《ま》き（反《はん》時計回《とけいまわ》り）でのびていく。

③花が咲《さ》いて、さやができる

つるの下のほうから上にむかって、つぎつぎと花が咲《さ》きはじめる。花がかれると、花のつけ根《ね》にさやができてふくらんでいく。

▲白色とピンク色の花びらが組みあわさっている。

▲さやの中で豆が育《そだ》つ。

種《たね》まきから2週間 ｜ 1か月 ｜ 2か月

◀つるが支柱《しちゅう》に巻《ま》きついて、高く成長《せいちょう》した虎豆《とらまめ》の株《かぶ》。

▲虎豆《とらまめ》の株《かぶ》を支柱《しちゅう》ごと引きぬいて、まとめて立てかけて乾燥《かんそう》させます。このあと、支柱《しちゅう》をぬいて株《かぶ》だけを積《つ》み重《かさ》ねて、さらに乾燥《かんそう》させます（にお積《づ》み）。

④株《かぶ》がかれて、豆が熟《じゅく》す

開花《かいか》してから2か月ほどたつと、虎豆《とらまめ》の株《かぶ》が茶色にかれて、さやの中の豆が熟《じゅく》してかたくなる。

▲熟《じゅく》しはじめたさや。

▲熟《じゅく》す前の虎豆《とらまめ》。もようは、熟《じゅく》すとともについていく。

4か月

つくってみよう!

いんげん豆を使《つか》った料《りょう》理《り》

いんげん豆は、肉や野菜《やさい》といっしょに煮《に》こむことで、うまみをたっぷり吸《す》って、おいしく煮《に》上がります。

ポークビーンズ

いんげん豆やささげを、豚肉《ぶたにく》やトマトなどといっしょに煮《に》こんだ料理《りょうり》です。ここではいんげん豆のなかまの虎豆《とらまめ》を使《つか》いますが、ほかのいんげん豆を使《つか》っても同じようにつくれます。

材《ざい》料《りょう》

・豚肉《ぶたにく》…200g　・たまねぎ…1個《こ》　・にんじん…1本
・虎豆《とらまめ》…1カップ　・水…1.5カップ
・トマトの水煮《みずに》…1缶《かん》(400g)　・コンソメ(粉末《ふんまつ》)…小さじ4
・ウスターソース…大さじ1　・ケチャップ…大さじ2

1 虎豆《とらまめ》を水につけておく

ボウルに水を入れて、虎《とら》豆《まめ》をひと晩《ばん》つけておく。

▶水につける前の虎豆《とらまめ》。

▶ひと晩《ばん》おいてふくらんだ虎豆《とらまめ》。

2 虎豆《とらまめ》をゆでる

たっぷりの水で虎豆《とらまめ》をゆでる。水がふっとうしたら火を止める。ゆであがった虎豆《とらまめ》をざるにあげて、ゆで汁《じる》はすてる。

3 肉・野菜《やさい》を切る

豚肉《ぶたにく》は2cmほどのはばで切る。たまねぎはみじん切り、にんじんは小さく角切りする。

野菜《やさい》はできるだけ、大きさをそろえて切ろう！

4 野菜《やさい》・肉を炒《いた》める

なべに油《あぶら》をひいて、中火でたまねぎとにんじんを入れて炒《いた》める。たまねぎがすきとおってきたら、豚肉《ぶたにく》をくわえてさらに炒《いた》める。

5 虎豆《とらまめ》を炒《いた》める

肉に火が通ったら、虎豆《とらまめ》をくわえて、さらに炒《いた》める。

虎豆《とらまめ》は一度《いちど》ゆでてあるので、さっと炒《いた》めるだけでいいよ！

6 残《のこ》りの材料《ざいりょう》を入れて煮《に》こむ

なべに水1.5カップ、トマトの水煮《みずに》（汁《しる》ごと）、コンソメを入れて強火で煮《に》る。煮立《にた》ったらウスターソースとケチャップを入れ、中火で煮《に》こむ。豆がやわらかくなったら、できあがり。

あくが出てきたら、おたまですくいとろう！

外国で食べられているいんげん豆

いんげん豆のなかまは、南北アメリカ大陸《たいりく》の国ぐにで多く食べられています。とくに、原産地《げんさんち》である中央《ちゅうおう》アメリカでは、いんげん豆は生活にかかせない食べものとなっています。これらの地域《ちいき》では、日本で食べられているいんげん豆に近い品種《ひんしゅ》の豆のほかに、日本ではあまり見られないようないんげん豆もたくさん食べられています。

代表的《だいひょうてき》な外国のいんげん豆

レッドキドニー

日本の金時豆《きんときまめ》に近い品種《ひんしゅ》の豆。南北アメリカ大陸《たいりく》でよく食べられている。

フェジョンプレット

黒いいんげん豆。ブラジルのフェジョアーダという国民的《こくみんてき》な料理《りょうり》に使《つか》われる。

カリオカ豆

日本のうずら豆に近い品《ひん》種《しゅ》の豆。フェジョアーダによく使《つか》われる。

カナリア豆

鳥のカナリアのように黄色い豆。ペルーでよく食べられている。

育《そだ》ててみよう! プランターでさやいんげんを栽培《さいばい》する

さやいんげんは、プランターを使《つか》えば庭《にわ》やベランダなどでも栽培《さいばい》できます。栽培期間《さいばいきかん》も短《みじか》く、種《たね》まきから2か月ほどで収穫《しゅうかく》できます。

さやいんげんの品種選《ひんしゅえら》び

さやいんげんは、つるがあるかないかで栽培《さいばい》のしかた、収穫《しゅうかく》できる量《りょう》が変《か》わります。つるがのびる品種《ひんしゅ》（つるあり種《しゅ》）は、巻《ま》きつくものさえあればどんどんのびていき、最長《さいちょう》で3mほどまで成長《せいちょう》します。栽培《さいばい》に手間がかかるものの、たくさんのさやがつくので、収穫量《しゅうかくりょう》が多くなります。つるのない品種《ひんしゅ》は高く成長《せいちょう》しないので、それほど手間はかかりませんが、収穫量《しゅうかくりょう》は少なめです。

▲つるがのびる品種《ひんしゅ》。株《かぶ》は高さ2～3mほどになり、種《たね》まきから65～70日で収穫《しゅうかく》できる。

▶つるがない品種《ひんしゅ》。株《かぶ》は高さ50～60cmになり、種《たね》まきから50～60日で収穫《しゅうかく》できる。

1 栽培《さいばい》計画を立てる　5月上旬《じょうじゅん》

収穫量《しゅうかくりょう》の多いつるあり種《しゅ》を選《えら》び、栽培《さいばい》の計画を立てます。つるがのびる品種《ひんしゅ》は収穫《しゅうかく》までに、さまざまな世話《せわ》をしなければなりません。あらかじめ、どのような世話《せわ》が必要《ひつよう》かを確認《かくにん》し、しっかりと計画を立てておきましょう。

さやいんげん栽培《さいばい》のカレンダー

つるがのびる品種《ひんしゅ》の栽培期間《さいばいきかん》は65～70日です。夏の収穫《しゅうかく》をめざして、5月から栽培《さいばい》をはじめる計画の例《れい》です。

5月	1 栽培《さいばい》計画を立てる	
	2 栽培《さいばい》の準備《じゅんび》をする	
	3 プランターに土を入れる	→121ページ
	4 種《たね》をまく	→122ページ
6月	5 苗《なえ》をまびく	→122ページ
	6 支柱《しちゅう》を立てる	→123ページ
	7 肥料《ひりょう》をあたえる	→123ページ
	8 つるの先たんを切る	→124ページ
7月	9 さやいんげんを収穫《しゅうかく》する	→125ページ

2 栽培《さいばい》の準備《じゅんび》をする　5月上旬《じょうじゅん》

栽培《さいばい》に必要《ひつよう》なものをそろえます。畑《はたけ》での栽培《さいばい》にくらべて、用意《ようい》するものが多くなります。家にあるものを利用《りよう》して、たりないものを園芸店《えんげいてん》などで買うようにしましょう。

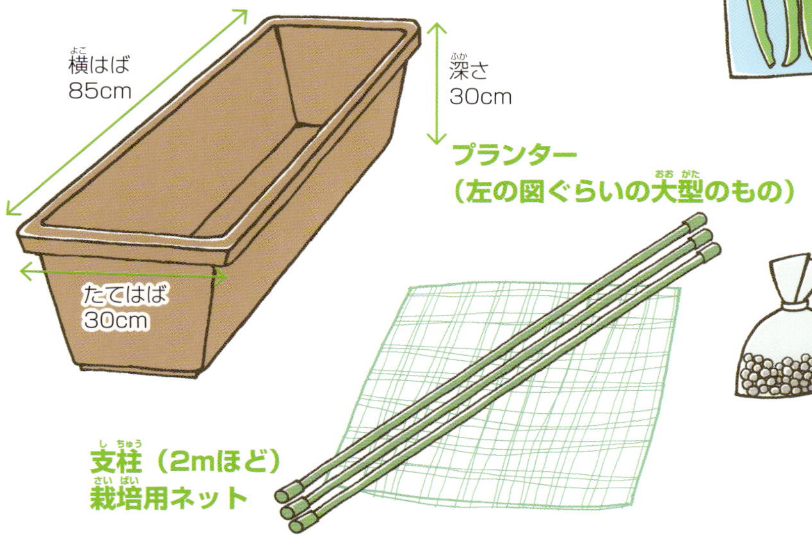

さやいんげんの栽培《さいばい》に必要《ひつよう》なもの

3 プランターに土を入れる　5月上旬《じょうじゅん》

さやいんげんは、水はけが悪《わる》いとよく育《そだ》ちません。水はけをよくするために、土を入れる前に、プランターの底《そこ》に小石をしきます。その上に肥料《ひりょう》をまぜた土を入れて、表面《ひょうめん》を平《たい》らにならします。土づくりのために、日当たりと風通しのよい場所《ばしょ》で、プランターを2週間ほどおきます。

▲ビニールシートをしいて、園芸店《えんげいてん》に売っている培養土《ばいようど》と肥料《ひりょう》（苦土石灰《くどせっかい》など）をまぜあわせる。

※培養土《ばいようど》と肥料《ひりょう》の分量《ぶんりょう》は、肥料《ひりょう》の種類《しゅるい》によってことなる。用意《ようい》した肥料《ひりょう》の注意書《ちゅういが》きをかならず確認《かくにん》する。

まぜあわせた土をプランターに入れ、土の表面《ひょうめん》をきれいにならす。土や肥料《ひりょう》をさわったあとは、かならず手を洗《あら》う。

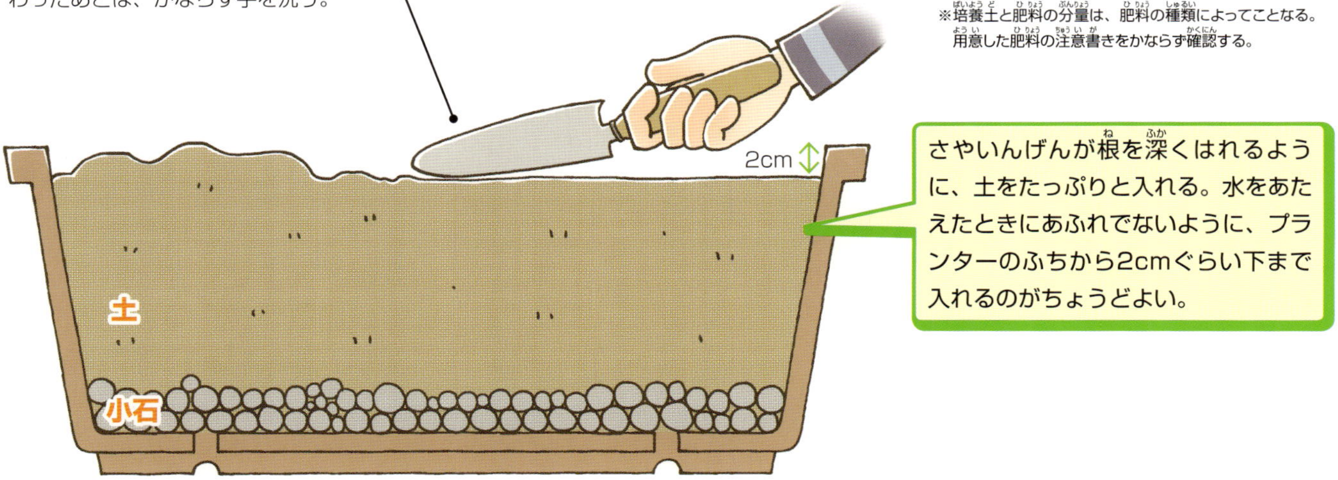

4 種《たね》をまく 5月下旬《げじゅん》

土の表面《ひょうめん》に、深《ふか》さ3cmほどの小さな穴《あな》をほります。穴《あな》と穴《あな》のあいだは20cm以上《いじょう》開《あ》けます。ひとつの穴《あな》に3つぶの種《たね》を入れ、土をかぶせます。土が適度《てきど》にしめっているように、毎日水をあたえましょう。数日で芽《め》が出てきます。

▼穴《あな》が浅《あさ》いと、根《ね》が土の表面《ひょうめん》に出たり、皮《かわ》をかぶったまま芽《め》が出たりして、成長《せいちょう》が悪《わる》くなる。また、深《ふか》すぎても、芽《め》が出にくくなる。

種《たね》は、へその部分《ぶぶん》から根《ね》をのばすので、土にうめるときにへそを下にむけておく。

5 苗《なえ》をまびく 6月上旬《じょうじゅん》

ひとつの穴《あな》に3つぶの種《たね》をまくため、同時に3本の苗《なえ》が出てきます。葉《は》が生えて枝《えだ》わかれしはじめたら、とくに成長《せいちょう》のよい苗《なえ》を1〜2本残《のこ》して、ほかの苗《なえ》は根《ね》もとからはさみで切りとります。

成長《せいちょう》のよい苗《なえ》を1〜2本残《のこ》す。

成長《せいちょう》がよくない苗《なえ》はまびく。残《のこ》す苗《なえ》を傷《きず》つけないようにして、まびく苗《なえ》の根《ね》もとをはさみで切る。

土よせもいっしょにやろう！

苗《なえ》をまびいたあとは、苗《なえ》の根《ね》もとに軽《かる》く土を集《あつ》めて盛《も》りましょう(培土《ばいど》)。高く成長《せいちょう》する苗《なえ》がたおれにくくなります。土よせをしたあとは、たっぷりと水をあたえます。

▲しわしわになった子葉《しよう》がかくれるくらいに盛《も》るとちょうどよい。

6 支柱《しちゅう》を立てる 6月中旬《ちゅうじゅん》

成長《せいちょう》してつるがのびはじめたら、つるが巻《ま》きつくための支柱《しちゅう》を立て、栽培用《さいばいよう》ネットをつけます。つるどうしがからみにくくなります。

◀支柱《しちゅう》とネットに巻《ま》きつくつる。

つるどうしがからむと成長《せいちょう》しにくくなる。ときどきようすを見て、つるどうしがからみついていたらひきはなそう。

支柱《しちゅう》は、たおれないように深《ふか》くさす。

ネットのはり方《かた》

❶たばねたネットの上のほうにひもを通す。そのひもを左右の支柱《しちゅう》の上のほうに結《むす》びつけ、ネットを広げる。

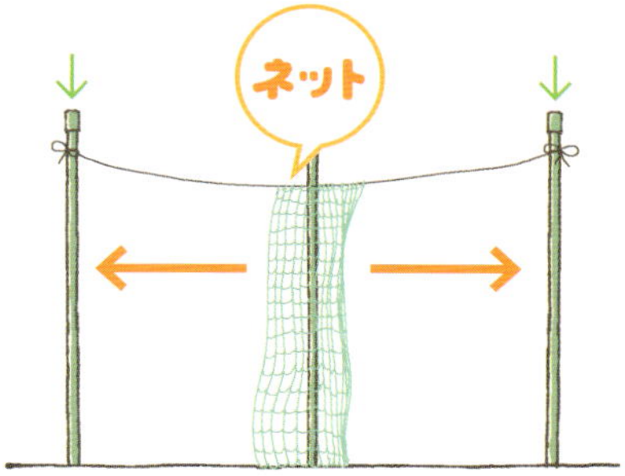

❷ネットの両《りょう》はしと左右の支柱《しちゅう》を数《すう》か所《しょ》ひもで結《むす》ぶ。そのあと、残《のこ》りの支柱《しちゅう》とも同じようにひもで結《むす》ぶ。

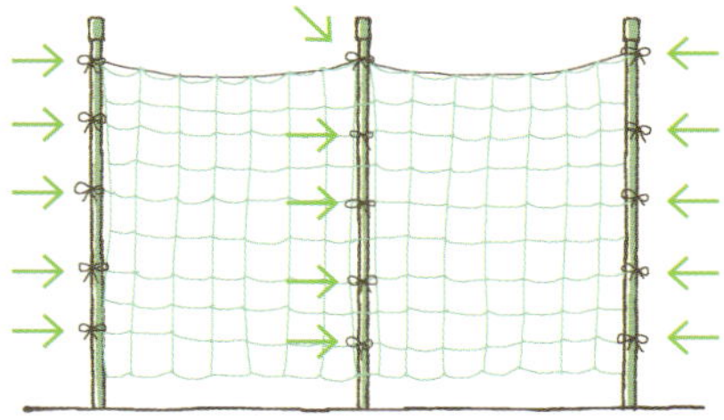

7 肥料《ひりょう》をあたえる 6月下旬《げじゅん》

苗《なえ》が成長《せいちょう》すると、プランターの土の中の養分《ようぶん》が少なくなっていきます。花が咲《さ》くときに栄養《えいよう》がたりないと、さやがつきにくくなります。つるにつぼみがついたら、1週間に1度《ど》をめやすに、肥料《ひりょう》をあたえます（追肥《ついひ》）。さやがつくまでのあいだに2～3回おこないましょう。

▶化成肥料《かせいひりょう》と液体肥料《えきたいひりょう》のどちらかを使《つか》う。化成肥料《かせいひりょう》の場合は、うめずに土の表面《ひょうめん》において、水をたっぷりかける。液体《えきたい》の場合は、苗《なえ》からはなれた場所《ばしょ》に容器《ようき》ごとさしこむか、水でうすめてじょうろなどで土にかける。

8 つるの先たんを切る 7月上旬《じょうじゅん》

つるがある程度《ていど》のびたら、つるの先たんを、はさみで切り落《お》とします。こうすることで、株《かぶ》が高く成長《せいちょう》しすぎるのをふせぐことができます。また、つるのとちゅうの部分《ぶぶん》に多くの芽《め》ができ、たくさんの花が咲《さ》くようになります。

▲さやいんげんの花。

▲花の根《ね》もとがふくらんでさやになる。

病気《びょうき》や害虫《がいちゅう》が発生《はっせい》したら？

さやいんげんの株《かぶ》に病気《びょうき》や害虫《がいちゅう》が発生《はっせい》することがあります。葉《は》の色がまだらになったり、かれたようなもようが発生《はっせい》したら、病気《びょうき》が広がらないように葉《は》ごととりのぞきます。また、害虫《がいちゅう》を見かけたら、割《わ》りばしなどを使《つか》ってとりのぞきます。

病気《びょうき》の葉《は》や害虫《がいちゅう》をとりのぞいても株《かぶ》のようすがもどらない場合は、殺虫剤《さっちゅうざい》や殺菌剤《さっきんざい》を使《つか》うこともあります。親や先生、園芸店《えんげいてん》の人に相談《そうだん》しましょう。

▲日当たりや風通しのよい場所《ばしょ》におけば、害虫《がいちゅう》や病気《びょうき》の発生《はっせい》をある程度《ていど》ふせぐことができる。

害虫《がいちゅう》による被害《ひがい》

アブラムシは、葉《は》や茎《くき》から養分《ようぶん》を吸《す》うほか、ウイルスを運《はこ》んできて病気《びょうき》の原因《げんいん》となる。ハダニは、葉《は》の養分《ようぶん》を吸《す》って、葉《は》を白くしてしまう。

▶さやについたアブラムシ。

病気《びょうき》による被害《ひがい》

病気《びょうき》にかかると、葉《は》の色がまだらになったり、葉《は》やさやにかれたようなもようがついたりする。

▲色がまだらになった葉《は》。

▲かれたようなもようが発生《はっせい》したさや。

9 さやいんげんを収穫《しゅうかく》する 7月下旬《げじゅん》

花がかれると、花の根《ね》もとの部分《ぶぶん》がふくらんで長くのびていき、緑色《みどりいろ》のさやになります。さやは成長《せいちょう》しすぎるとかたくなるので、こまめに観察《かんさつ》して、ある程度《ていど》成長《せいちょう》したものから収穫《しゅうかく》しましょう。

▶さやのつけ根《ね》から切りとる。

収穫《しゅうかく》するときには、さややつるを傷《きず》つけないように注意《ちゅうい》しながら、はさみでていねいに切りとる。

つるあり種《しゅ》は、ひとつの株《かぶ》に次《つぎ》つぎと花が咲《さ》いてさやができるので、およそ1か月間収穫《しゅうかく》することができる。

収穫《しゅうかく》のめやす

栽培《さいばい》している品種《ひんしゅ》によるが、開花《かいか》から2週間ほどたって、さやの長さが13〜20cmになったら収穫《しゅうかく》できる。これ以《い》上成長《じょうせいちょう》すると、少しずつかたくなっておいしくなくなる。

▲収穫時期《しゅうかくじき》をむかえたさやいんげん。

つくってみよう!

さやいんげんを使《つか》った料理《りょうり》

さやいんげんは、歯《は》ごたえが残《のこ》るくらいにやわらかくゆでて、
炒《いた》めもの、煮《に》もの、あえものなど、さまざまま料理《りょうり》に使《つか》われます。

さやいんげんとにんじんの豚肉《ぶたにく》ロール

豚肉《ぶたにく》で野菜《やさい》を巻《ま》く、おべんとうに人気のおかずです。肉と野菜《やさい》をいっしょに食べるので、栄養《えいよう》のバランスもばつぐんです。

材《ざい》料《りょう》

・さやいんげん…12本　・にんじん…2分の1本
・豚《ぶた》もも肉（うす切り）…12まい　・塩《しお》・こしょう…少々《しょうしょう》
〈たれの材料《ざいりょう》〉
・しょうゆ…大さじ2　・みりん…大さじ1　・砂糖《さとう》…小さじ2
※細長いさやいんげんですじなしのものを選《えら》ぶ。

1 たれをつくる

しょうゆ、みりん、砂糖《さとう》をまぜあわせて、たれをつくる。

2 野菜《やさい》を切る

さやいんげんは両《りょう》はしを切ってから、同じ長さに、切りわける。にんじんは皮《かわ》をむいて、太めのせん切りにする。

野菜《やさい》の長さを5～7cmにそろえて切ると、あとで巻《ま》きやすくなるよ！

3 野《や》菜《さい》をゆでる

なべに水とにんじんを入れてゆでる。ふっとうしてから2分たったらさやいんげんを入れる。さらに2分ゆでたら、ざるにあげて水けをきる。

ゆでるときに塩《しお》をひとつまみ入れると、野菜《やさい》の色があざやかにゆであがるよ！

4 豚《ぶた》肉《にく》と野《や》菜《さい》に塩《しお》・こしょうをふる

まないたに豚肉《ぶたにく》を3まい、少しずつ重《かさ》ねてならべ、塩《しお》・こしょうをふる。はしのほうにさやいんげんとにんじんをおく。

豚《ぶた》肉《にく》の横《よこ》はばが、野《や》菜《さい》の長さより少し長くなるようにする。

5 豚《ぶた》肉《にく》で野《や》菜《さい》を巻《ま》く

豚肉《ぶたにく》を手前のほうからくるくると巻《ま》いて、豚肉《ぶたにく》ロールをつくる。

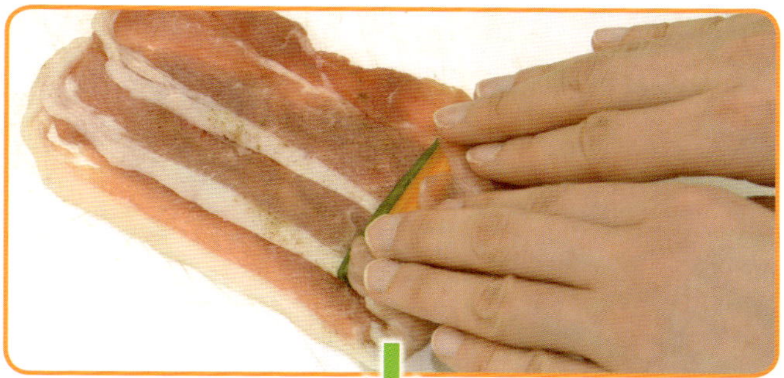

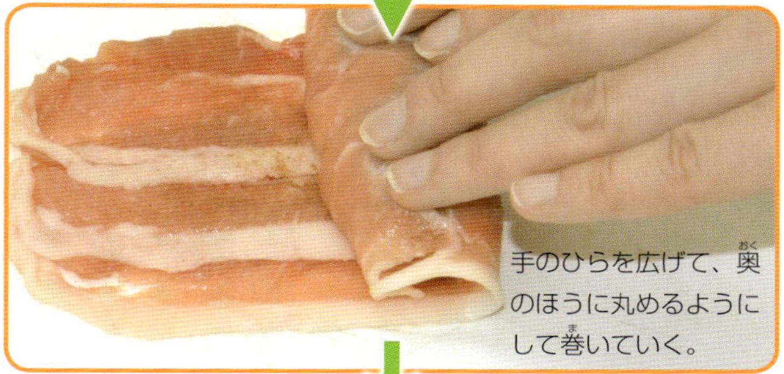

手のひらを広げて、奥《おく》のほうに丸めるようにして巻《ま》いていく。

6 豚《ぶた》肉《にく》ロールを焼《や》く

フライパンにうすく油《あぶら》をひいて、中火で豚肉《ぶたにく》ロールを焼《や》く。さいばしで転《ころ》がしながら焼《や》いて、豚肉全体《ぶたにくぜんたい》に火が通って焼《や》き目《め》がついたら、たれをからめてさらに焼《や》いて、できあがり。

えんどう

えんどうってどんな豆？

えんどうは、人間とのかかわりがもっとも古い豆のひとつです。西アジアから世界中《せかいじゅう》に伝《つた》わり、多くの地域《ちいき》で栽培《さいばい》されています。

えんどうの株《かぶ》

「巻《ま》きひげ」とよばれる細いつるがのび、支柱《しちゅう》などにくるくると巻《ま》きつきます。

◀成長《せいちょう》して白い花を咲《さ》かせたえんどうの株《かぶ》。

つるをのばして高く育《そだ》つ

えんどうは、成長《せいちょう》すると茎《くき》がつるになってのびます。近くにあるものにつるを巻《ま》きつけて育《そだ》ち、品種《ひんしゅ》によっては2mほどの高さになります。

畑《はたけ》で育《そだ》てるときは、つるを巻《ま》きつけることができるように支柱《しちゅう》を立てます。せまい場所《ばしょ》でも育《そだ》てやすいように、つるがなく、高く成長《せいちょう》しないように品種《ひんしゅ》改良《かいりょう》されたものもあります。

えんどうの豆

えんどうの豆は球《きゅう》に近い形で、大きさは4～10mmほどです。熟《じゅく》す前は黄《き》緑色《みどりいろ》で、表面《ひょうめん》に張《は》りがあります。熟《じゅく》して乾燥《かんそう》すると表面《ひょうめん》にしわが入り、品種《ひんしゅ》によって緑色《みどりいろ》や赤茶色に変《か》わります。

▲熟《じゅく》したえんどうの豆。

▲熟《じゅく》す前のえんどうの豆（実《み》えんどう）。「グリーンピース」として食べられている。

えんどうの若《わか》ざや

豆が大きくなる前にさやごと食べるものや、熟《じゅく》す前に豆をとりだして食べるものなどがあります。

「さやえんどう」として食べられている、平《ひら》たくてうすい若《わか》ざや。

熟《じゅく》す前の豆を食用にする実《み》えんどうのさや。

日本に2回伝《つた》わったえんどう

えんどうは、今から9000年前には、現在《げんざい》のイラク周辺《しゅうへん》や地中海《ちちゅうかい》に面《めん》した地域《ちいき》などで食べられていました。そこから、長い時間をかけてヨーロッパやアメリカ、中国《ちゅうごく》などに伝《つた》わりました。

日本には、奈良時代《ならじだい》に中国《ちゅうごく》から伝《つた》わりました。明治時代《めいじじだい》にはヨーロッパやアメリカからさまざまな品種《ひんしゅ》が伝《つた》わり、本格的《ほんかくてき》に栽培《さいばい》されるようになりました。

▲奈良時代《ならじだい》に中国《ちゅうごく》から伝《つた》わってきたのは熟《じゅく》した豆を食べるえんどうで、若《わか》ざやや熟《じゅく》す前の豆を食べるえんどうは明治《めいじ》時代《じだい》になってからアメリカやヨーロッパから伝《つた》わった。

遺伝《いでん》のなぞを解《と》きあかしたえんどう

動物《どうぶつ》や植物《しょくぶつ》の親の特徴《とくちょう》が子に伝《つた》わることを「遺伝《いでん》」といいます。このしくみを最初《さいしょ》に研究《けんきゅう》したのは、19世紀《せいき》中ごろのオーストリアの牧《ぼく》師《し》で生物学者《せいぶつがくしゃ》でもあったメンデルです。メンデルは、育《そだ》てていたいろいろな品種《ひんしゅ》のえんどうをかけあわせる実験《じっけん》をくりかえして、親の特徴《とくちょう》がどのようにして子に伝《つた》わるのか、そのしくみを発見《はっけん》しました。メンデルの研究《けんきゅう》は、現在《げんざい》でも品種改良《ひんしゅかいりょう》やさまざまな分野で利用《りよう》されており、えんどうは科学《かがく》の発展《はってん》に大きく役立《やくだ》ちました。

▲メンデルは、えんどうの丸い豆としわの入った豆をかけあわせて、親の豆の特徴《とくちょう》が子の豆にどのように伝《つた》わるかを調《しら》べて、遺伝《いでん》のしくみを研究《けんきゅう》した。

えんどうのいろいろ

えんどうは、熟《じゅく》した豆だけではなく、
熟《じゅく》す前の豆や若《わか》ざや、若《わか》い芽《め》なども食べられています。

食べ方《かた》にあわせた品種《ひんしゅ》がある

グリーンピースにさやえんどう、豆苗《とうみょう》。これらは、すべて同じえんどうのなかまです。えんどうにはさまざまな食べ方《かた》があり、熟《じゅく》した豆よりも、熟《じゅく》す前の豆やさやのほうが多く食べられています。

また、えんどうは品種《ひんしゅ》改良《かいりょう》しやすい植物《しょくぶつ》です。食べる部分《ぶぶん》がよりおいしくなるように改良《かいりょう》された、多くの品種《ひんしゅ》がつくられています。

▲えんどうの品種《ひんしゅ》は、さやがやわらかい品種《ひんしゅ》（左）と、さやがかたい品種《ひんしゅ》（右）にわけられる。さやの見た目は似《に》ているが、成長《せいちょう》するにつれてさやのかたさにちがいがあらわれる。

さやえんどう　さやごと食べる

熟《じゅく》す前のやわらかい若《わか》ざやを食べます。歯《は》ごたえのある食感《しょっかん》が人気で、いろいろな料理《りょうり》に使《つか》われます。鹿児島県《かごしまけん》や和歌山県《わかやまけん》などで多く栽培《さいばい》されています。

きぬさや

豆がまだ小さいうちに、平《ひら》たいさやを食べる。

スナップえんどう

豆が大きくなってから、ぶ厚《あつ》い若《わか》ざやと熟《じゅく》す前の豆をいっしょに食べる。

▲きぬさやを使《つか》った肉じゃが。

▲スナップえんどうを使《つか》った野菜炒《やさいいた》め。

実《み》えんどう

熟《じゅく》す前の豆を食べる

熟《じゅく》す前の豆をグリーンピースとして、ゆでて食べます。料理《りょうり》のそえもの、炒《いた》めものや炊《た》きこみごはんなどに使《つか》われます。

▲シュウマイにそえられたグリーンピース。

豆苗《とうみょう》

若《わか》い芽《め》を食べる

えんどうを発芽《はつが》させて、若《わか》いうちに芽《め》を収穫《しゅうかく》して食べます。シャキシャキとした食感《しょっかん》があり、中華料理《ちゅうかりょうり》などに使《つか》われます。

▲豆苗《とうみょう》を使《つか》った中華風《ちゅうかふう》の炒《いた》めもの。

青えんどう

熟《じゅく》した豆を食べる

黄緑色《きみどりいろ》のえんどうの豆。さやがかたい品種《ひんしゅ》の熟《じゅく》した豆を乾燥《かんそう》させてから食べます。ほとんどが北海道《ほっかいどう》で栽培《さいばい》されています。ゆでて食べたり、炊《た》きこみごはんに入れたりします。また、「うぐいすあん」という緑色《みどりいろ》のあんの材料《ざいりょう》にもなります。

◀青えんどうをあまく煮《に》たうぐいす豆。

赤えんどう

熟《じゅく》した豆を食べる

赤茶色のえんどうの豆。熟《じゅく》した豆を乾燥《かんそう》させてから食べます。青えんどうと同じようにほとんどが北《ほっ》海道《かいどう》で栽培《さいばい》されています。

◀赤えんどうを使《つか》ったみつまめ。

そら豆ってどんな豆?

そら豆は、ゆでたときのどくとくの香《かお》りが特徴《とくちょう》のつぶの大きな豆です。さやのつき方《かた》に特徴《とくちょう》があり、太くて大きいさやが上むきにつきます。

そら豆の株《かぶ》

そら豆はつるをつくらず、1本の苗《なえ》から「側枝《そくし》」とよばれる枝《えだ》が、何本も横《よこ》にのびます。さやはほかの豆とちがってぶら下がらず、できはじめのころは上にむかってのびます。中の豆が成長《せいちょう》してくると、重《おも》みでさやが少し下をむきます。

◀さやが上にむかってつきだした、そら豆の株《かぶ》。

さやが空にむかってのびる

そら豆は、漢字《かんじ》では「空豆《そらまめ》」と書きます。さやが上にむかって成長《せいちょう》し、空をさしているように見えることから名づけられたといわれています。

さやの形がカイコ（絹糸《きぬいと》の原料《げんりょう》をつくるガの幼虫《ようちゅう》）に似《に》ていることから、中国《ちゅうごく》では蚕豆《ツァンドウ》（カイコの豆）とよばれています。日本でも、この字を使《つか》って、「そらまめ」と読むことがあります。

そら豆の熟《じゅく》した豆

ほかの豆よりかなり大きく、平《ひら》たく厚《あつ》みのある形をしています。熟《じゅく》すと、緑色《みどりいろ》がかった茶色になります。

▲大きさは10～28mm。乾燥《かんそう》させると、表面《ひょうめん》に少ししわが入る。

そら豆の若《わか》ざや

緑色《みどりいろ》で、かたくて大きいさやができます。中には3〜4つの豆が入っています。内側《うちがわ》には、白くて細かい綿《わた》毛《げ》がびっしりと生えています。

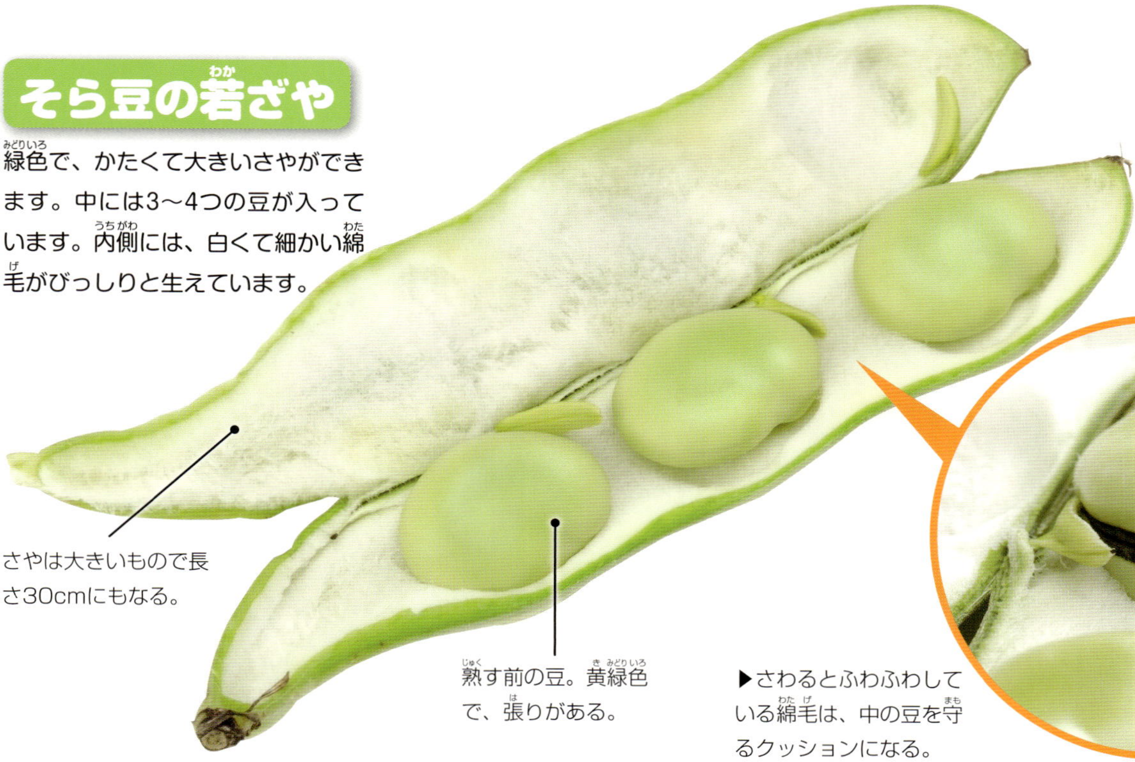

さやは大きいもので長さ30cmにもなる。

熟《じゅく》す前の豆。黄緑色《きみどりいろ》で、張《は》りがある。

▶さわるとふわふわしている綿毛《わたげ》は、中の豆を守《まも》るクッションになる。

そら豆も2回日本に伝《つた》わった

そら豆は、今から5000年以上《いじょう》前に、現在《げんざい》のイラクにあたる地域《ちいき》で栽培《さいばい》がはじまったといわれています。古代《こだい》エジプトや古代《こだい》ギリシャなどでは主食《しゅしょく》のひとつとして、さかんに栽培《さいばい》されていました。

そら豆もえんどうと同じように、日本には奈良時代《ならじだい》に中国《ちゅうごく》から伝《つた》わったと考えられています。そして、現在《げんざい》日本で栽培《さいばい》されているものは、明治時代《めいじじだい》に外国《がいこく》から輸入《ゆにゅう》された品種《ひんしゅ》がもとになっています。

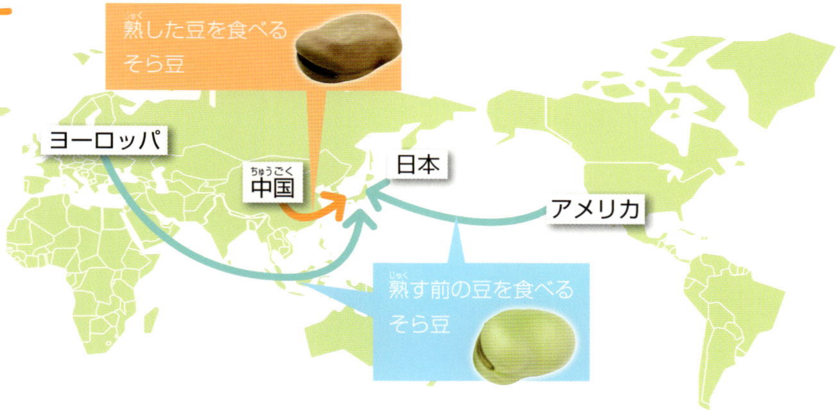

▲奈良時代《ならじだい》に中国《ちゅうごく》から伝《つた》わってきたのは熟《じゅく》した豆を食べるそら豆で、熟《じゅく》す前の豆を食べるそら豆は明治時代《めいじじだい》になってからアメリカやヨーロッパから伝《つた》わった。

そら豆からつくるしょうゆ

わたしたちがふだん使《つか》っているしょうゆは、大豆《だいず》と小麦をこうじ菌《きん》で発酵《はっこう》させてつくります。しょうゆづくりには、同じくらいの量《りょう》のタンパク質《しつ》とデンプンが必要《ひつよう》なので、タンパク質《しつ》の多い大豆《だいず》にデンプンの多い小麦をあわせています。しかし、そら豆にはタンパク質《しつ》とデンプンが同じくらいふくまれているので、そら豆だけを使ってしょうゆをつくることもできます。

◀そら豆でつくったしょうゆは、大豆《だいず》のしょうゆと同じくらいのうまみと、やわらかな口当たりが特徴《とくちょう》。

そら豆のいろいろ

そら豆は、地《ち》域《いき》によって、熟《じゅく》した豆を食べたり、
熟《じゅく》す前の豆を食べたりします。それぞれの食べ方《かた》に適《てき》した品《ひん》種《しゅ》があります。

日本ではおもに熟《じゅく》す前の豆を食べる

日本では、おもに熟《じゅく》す前のそら豆が食べられています。ゆでてから、皮《かわ》をむいて食べたり、サラダにまぜたりします。熟《じゅく》した豆は、煮《に》たり、揚《あ》げたりして食べられています。

いっぽう、外国では日本と同じような食べ方《かた》のほかに、加《か》工《こう》食品《しょくひん》の材《ざい》料《りょう》として、よく使《つか》われています。

熟《じゅく》す前の豆　おもにゆでて食べる

つぶの大きな品種《ひんしゅ》の、熟《じゅく》す前の豆をゆでて、うす皮《かわ》をむいてそのまま食べたり、料《りょう》理《り》に使《つか》ったりします。日本で栽培《さいばい》されているそら豆は、ほとんどが熟《じゅく》す前に食べられています。

▲塩《しお》ゆでしたそら豆。

熟《じゅく》した豆　乾《かん》燥《そう》させて料《りょう》理《り》や加《か》工《こう》食《しょく》品《ひん》に使《つか》う

つぶの小さい品種《ひんしゅ》の熟《じゅく》した豆を乾燥《かんそう》させて、煮《に》たり、揚《あ》げたりして食べます。中《ちゅう》華《か》料《りょう》理《り》の調《ちょう》味《み》料《りょう》としてかかせない豆板醤《トウバンジャン》の原料《げんりょう》としても利《り》用《よう》されています。国内の栽培《さいばい》は少なく、ほとんどが輸《ゆ》入品《にゅうひん》です。

◀香《か》川《がわ》県《けん》の郷《きょう》土《ど》料《りょう》理《り》、しょうゆ豆。熟《じゅく》したそら豆を煮《に》こみ、しょうゆで味《あじ》つけしたもの。

▶熟《じゅく》したそら豆を油《あぶら》で揚《あ》げた、いかり豆（フライビーンズ）。

そら豆の加工食品《かこうしょくひん》

豆《トウ》板《バン》醤《ジャン》

豆《トウ》板《バン》醤《ジャン》は、そら豆をみそのように発酵《はっこう》させてつくる調味料《ちょうみりょう》です。とうがらしを入れたからい味《あじ》のものが、よく食べられています。

中華料理《ちゅうかりょうり》にかかせない調味料《ちょうみりょう》

中国《ちゅうごく》で食べられている中華料理《ちゅうかりょうり》は、日本でも広く親しまれています。なかでも、中国《ちゅうごく》の四川《しせん》地方の料理《りょうり》には、マーボーどうふをはじめ、からい味《あじ》のものがたくさんあります。豆《トウ》板醤《バンジャン》はこのからさのもととなる調味料《ちょうみりょう》で、そら豆を発酵《はっこう》させてつくる、日本のみそに似《に》た加工食品《かこうしょくひん》です。

▲とうがらしを使《つか》った豆板醤《トウバンジャン》。

▲豆板醤《トウバンジャン》を使《つか》った代表的《だいひょうてき》な料理《りょうり》、マーボーどうふ。

豆《トウ》板《バン》醤《ジャン》ができるまで

豆《トウ》板《バン》醤《ジャン》は、おもに中国産《ちゅうごくさん》のものが輸入《ゆにゅう》されていますが、ここでは日本の豆《トウ》板《バン》醤《ジャン》づくりを紹介《しょうかい》します。

1 うす皮《かわ》をむく

ゆでた乾燥《かんそう》そら豆のうす皮《かわ》をむく。10人がかりで丸1日かけて、ひとつぶずつ手《て》作《さ》業《ぎょう》でむいていく。

▲およそ40kgのそら豆のうす皮《かわ》をむく。

2 そら豆こうじをつくる

うす皮《かわ》をむいたそら豆に、こうじ菌《きん》と小《こ》麦粉《むぎこ》をまぶす。2日ほどねかせてこうじ菌《きん》をなじませ、そら豆こうじをつくる。

▲手でまぜて、こうじ菌《きん》をつけていく。

3 豆《トウ》板《バン》醤《ジャン》をしこむ

そら豆こうじに食塩《しょくえん》ととうがらしをまぜ、ペースト状《じょう》にしてたるにしこむ。発《はっ》酵《こう》・熟成《じゅくせい》がすすむと豆板醤《トウバンジャン》ができる。

▲機械《きかい》で材料《ざいりょう》をペースト状《じょう》にする。

落花生《らっかせい》ってどんな豆?

落花生《らっかせい》は「ピーナッツ」ともよばれ、お菓子《かし》などによく使《つか》われています。ほかのマメのなかまとちがう、ふしぎな豆の育《そだ》ち方《かた》が特徴《とくちょう》です。

落花生《らっかせい》は土の中に豆ができる

落花生《らっかせい》は、豆の育《そだ》ち方《かた》がとても変《か》わっています。ほかのマメのなかまは、花がかれると根《ね》もとの部分《ぶぶん》がふくらんでさやになります。しかし、落花生《らっかせい》は花の根《ね》もとのさやになる部分《ぶぶん》が長くのびて地面《じめん》の下にもぐりこみ、土の中でさやがつくられます。根《ね》や葉《は》からの養分《ようぶん》だけでなく、さやの表面《ひょうめん》からも土の中の養分《ようぶん》や水分をとりこんで、豆が育《そだ》ちます。

落花生《らっかせい》の株《かぶ》

落花生《らっかせい》の株《かぶ》は、あまり上にはのびません。葉《は》には厚《あつ》みがあって中に水分をためておくことができるため、雨がほとんどふらない乾燥地《かんそうち》でも、株《かぶ》がかれることはありません。

▲落花生《らっかせい》の株《かぶ》を上から見ても、さやを見つけることはできない。

▲株《かぶ》の根《ね》もとをほってみると、土の中からさやがあらわれる。

土の中のさや

さやは、茎《くき》と細い管《くだ》のようなもの（子房柄《しぼうへい》）でつながっていて、土の中で成長《せいちょう》します。

落花生《らっかせい》のさやと豆

落花生《らっかせい》のさやはうす茶色で、かたい「から」のようになっています。さやの中には、1〜3つぶの豆ができます。

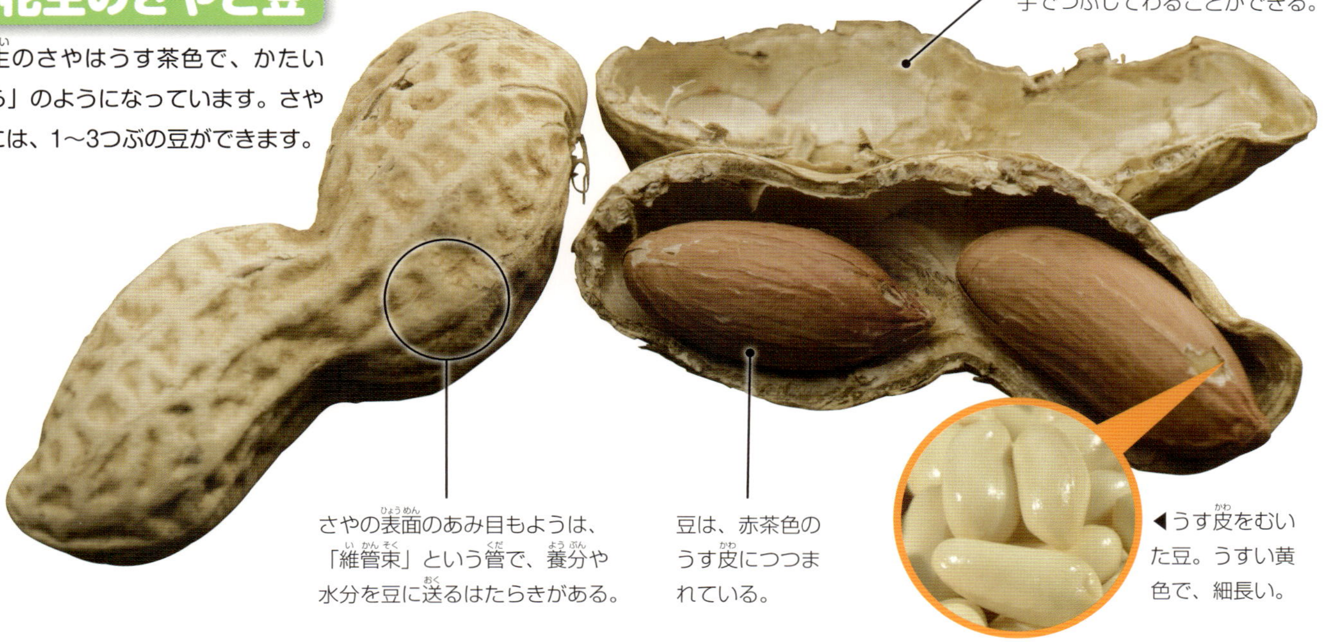

◀うす皮《かわ》をむいた豆。うすい黄色で、細長い。

落花生《らっかせい》の豆は木《き》の実《み》？

落花生《らっかせい》の豆のことを、英語《えいご》で「ピーナッツ」といいます。これは「ピー」（えんどうなどの豆類《まめるい》）と「ナッツ」（木《き》の実《み》）をあわせた言葉《ことば》です。落花生《らっかせい》はマメのなかまですが、豆の見た目や味《あじ》、食べ方《かた》が木《き》の実《み》に似《に》ているので、このような名前がつきました。

▶ミックスナッツ。炒《い》った落花生《らっかせい》の豆は、味《あじ》や食感《しょっかん》がアーモンドなどの木《き》の実《み》と似《に》ていて、いっしょに食べることが多い。

落花生《らっかせい》の栄養《えいよう》

落花生《らっかせい》の栄養《えいよう》を見ると、脂質《ししつ》の割合《わりあい》がとても多く、ほかの豆よりも木《き》の実《み》に近いといえる。

※「日本食品標準成分表2010」（文部科学省）より　※えんどうは乾燥《かんそう》したものの場合。

落花生《らっかせい》ができるまで

落花生《らっかせい》という名前は、花がかれ落《お》ちたところにさやが生まれるという意味《いみ》でつけられたものです。土の中に豆ができるようすを、見てみましょう。

落花生《らっかせい》はやわらかい土が好《す》き

落花生《らっかせい》の花の根《ね》もとからのびるつるのようなものを「子房柄《しぼうへい》」といいます。子房柄《しぼうへい》が土にささらないとさやができないので、水はけがよくて土がやわらかい地域《ちいき》が栽培《さいばい》に適《てき》しています。実際《じっさい》に、落花生《らっかせい》の栽培《さいばい》がさかんな地域《ちいき》は、火山灰《かざんばい》などが積《つ》もってできた、やわらかい火山灰土《かざんばいど》の地域《ちいき》がほとんどです。

農作業《のうさぎょう》のようす

落花生《らっかせい》の栽培《さいばい》は、５月の中ごろから６月にかけて種《たね》をまき、10月から12月に収穫《しゅうかく》します。

▶神奈川県秦野市《かながわけんはだのし》の落花生畑《らっかせいばたけ》。土の中ではさやが育《そだ》っている。

落花生《らっかせい》の成長《せいちょう》

落花生《らっかせい》は、花が咲《さ》くまでは、ほかのマメのなかまと同じように育《そだ》ちます。成長《せいちょう》のようすを見てみましょう。

①花が咲《さ》く

発芽《はつが》したあとは、茎《くき》がのびて枝《えだ》わかれして、何まいもの葉《は》をつける。葉《は》のつけ根《ね》の部分《ぶぶん》にたくさんの花がつく。

②子房柄《しぼうへい》が土にむかってのびる

花がかれ落《お》ちると、花の咲《さ》いていた部分《ぶぶん》が細長くのびて子房柄《しぼうへい》ができる。子房柄《しぼうへい》はまっすぐ土にむかってのびていく。

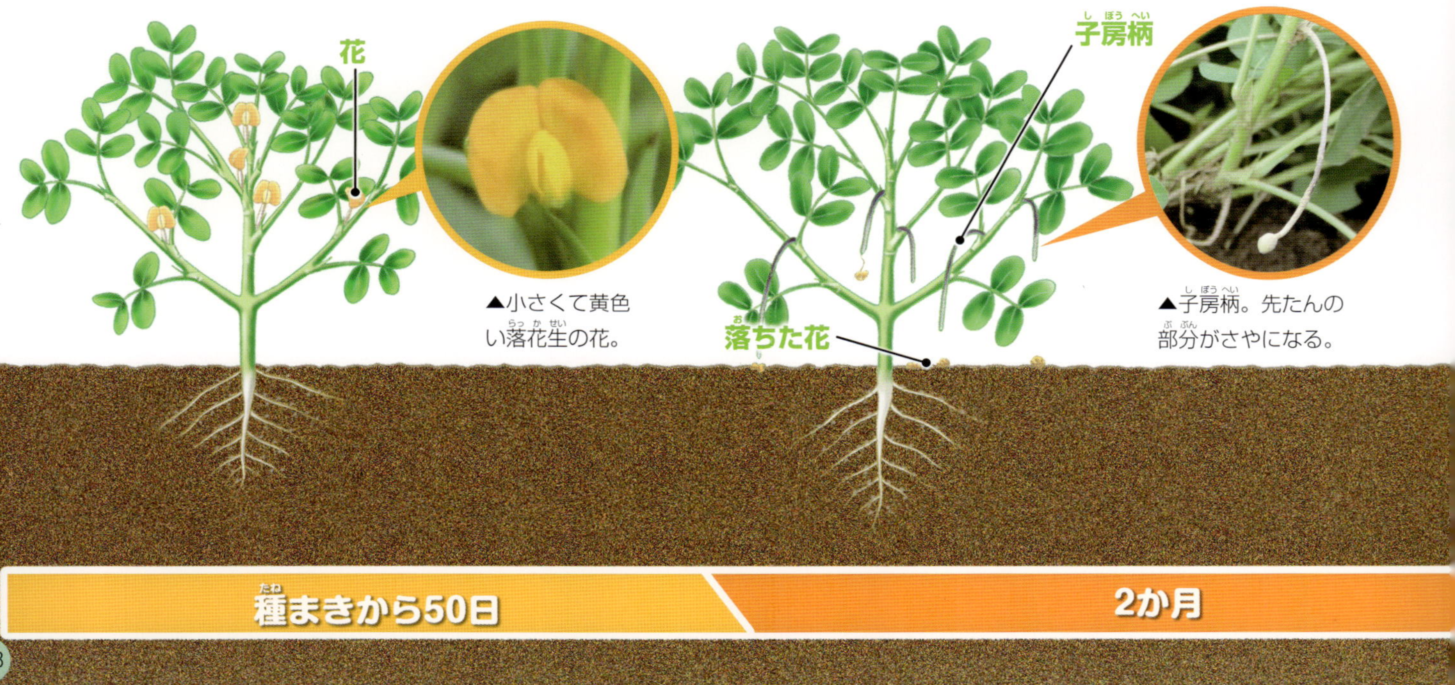

▲小さくて黄色い落花生《らっかせい》の花。

▲子房柄《しぼうへい》。先たんの部分《ぶぶん》がさやになる。

▲落花生《らっかせい》の収穫《しゅうかく》。株《かぶ》の根《ね》もとをつかみ、根《ね》ごと引きぬく。広い畑《はたけ》では、コンバインで収穫《しゅうかく》する。

▲豆を乾燥《かんそう》させるため、収穫《しゅうかく》した株《かぶ》を高く積《つ》み重《かさ》ねて、天日《てんぴ》に当てる。落花生栽培《らっかせいさいばい》がさかんな千葉県《ちばけん》では、株《かぶ》のかたまりを「ぼっち」とよぶ。

③土の中でふくらむ

子房柄《しぼうへい》は、3～5cmほど土にもぐると水平《すいへい》にむき、先たんの部分《ぶぶん》がふくらんでいく。

④さやができて、豆が熟《じゅく》す

大きくふくらんださやの中で豆が育《そだ》ち、熟《じゅく》してかたくなる。ほかのマメのなかまとちがい、株《かぶ》がかれる前に豆が熟《じゅく》す。

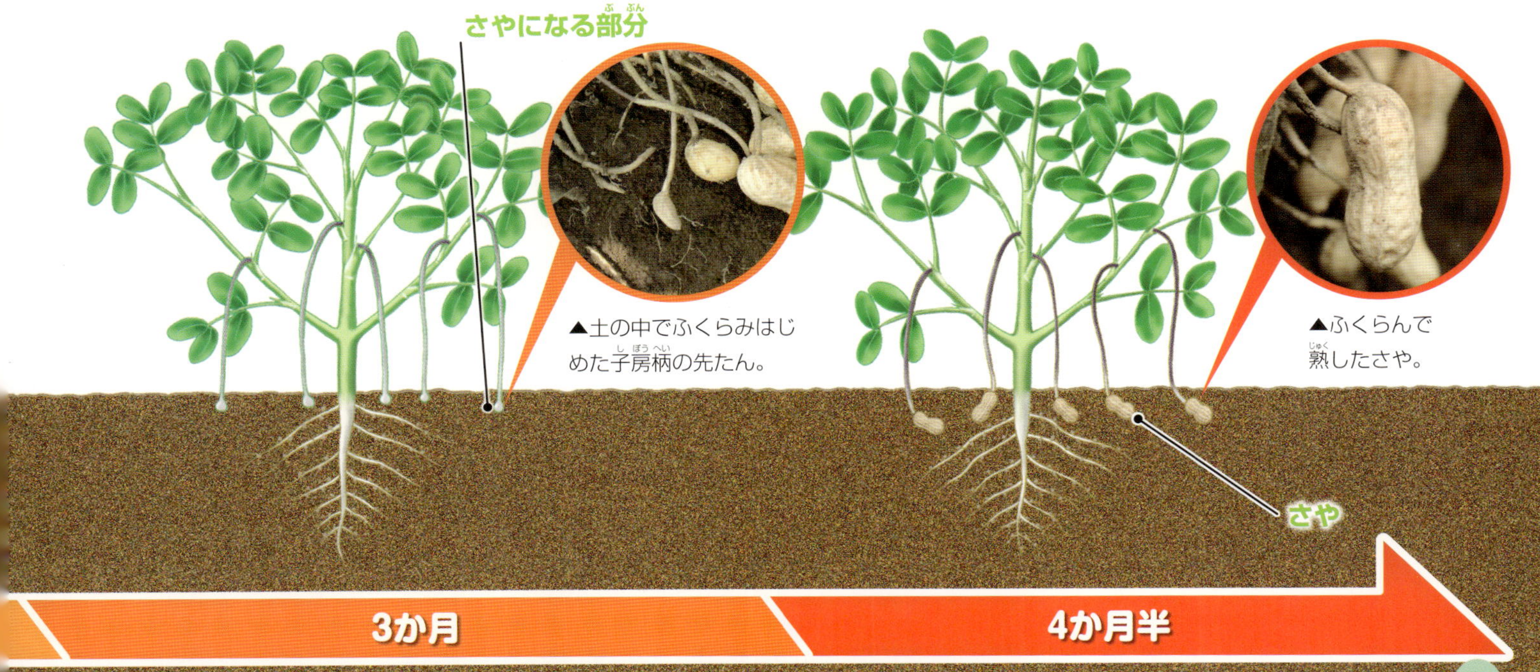

▲土の中でふくらみはじめた子房柄《しぼうへい》の先たん。

▲ふくらんで熟《じゅく》したさや。

落花生《らっかせい》

落花生《らっかせい》のいろいろ

落花生《らっかせい》には、大つぶの品種《ひんしゅ》と小つぶの品種《ひんしゅ》があり、
食べ方《かた》や使《つか》い方《かた》がことなります。

つぶの大きさで種類《しゅるい》がわかれる

落花生《らっかせい》はさやごと炒《い》ったり、ゆでたりして、中の豆を食べます。また、ピーナッツバターやピーナッツ油《ゆ》などの加工食品《かこうしょくひん》の材料《ざいりょう》にもなります。

落花生《らっかせい》は、つぶの大きさで、大つぶ種《しゅ》と小つぶ種《しゅ》にわけられます。日本で栽培《さいばい》されているのは、ほとんどが大つぶ種《しゅ》です。全国《ぜんこく》で生産《せいさん》される落花《らっか》生《せい》のうち、約《やく》8割《わり》が千葉県《ちばけん》で、約《やく》1割《わり》が茨城県《いばらきけん》で栽《さい》培《ばい》されています。

◀炒《い》って塩味《しおあじ》をつけた落花生《らっかせい》は、柿《かき》の種《たね》などのあられといっしょに食べることが多い。

▶落花生《らっかせい》どうふ（ジーマミどうふ）。鹿児島県《かごしまけん》や沖縄県《おきなわけん》の郷土料理《きょうどりょうり》で、落《らっ》花生《かせい》でつくったとうふ。

大つぶ種《しゅ》

そのままの形で食べる

豆がやや細長く、小つぶ種《しゅ》よりもひとまわり大きいのが特徴《とくちょう》です。炒《い》り豆《まめ》やゆでピーナッツ、焼《や》き菓子《がし》の材料《ざいりょう》など、豆に火を通してそのままの形で食べます。

◀炒《い》った大つぶの落花生《らっかせい》に、バターをからめて風味《ふうみ》をつけたバターピーナッツ。

小つぶ種《しゅ》

加工食品《かこうしょくひん》の原料《げんりょう》になる

丸みをおびた小さい豆で、日本ではあまり栽培《さいばい》されていませんが、海外ではさかんにつくられています。おもに加工食品《かこうしょくひん》の材料《ざいりょう》として利用《りよう》されます。

▲小つぶ種《しゅ》の落花生《らっかせい》をしぼってつくったピーナッツ油《ゆ》。

落花生《らっかせい》の加工食品《かこうしょくひん》

ピーナッツバター

炒《い》った落花生《らっかせい》を細かくくだいてすりつぶしたものがピーナッツバターです。

落花生《らっかせい》の脂質《ししつ》でねばりが出る

　脂質《ししつ》の多い落花生《らっかせい》をすりつぶすと、とろりとしたバターのような加工食品《かこうしょくひん》になります。これをピーナッツバターといいます。

　お菓子《かし》の材料《ざいりょう》にしたり、パンにぬったりして使《つか》います。

▶一般的《いっぱんてき》なピーナッツバター。あまさはひかえめ。

◀ピーナッツバターに砂糖《さとう》や水あめなどをくわえたピーナッツクリーム。

ピーナッツバターができるまで

ピーナッツバターは、バターという名前がついていますが、バターのように牛乳《ぎゅうにゅう》などからつくられるのではなく、落花生《らっかせい》にふくまれる油分《ゆぶん》を利用《りよう》してつくられます。

1 落花生《らっかせい》を炒《い》る

さやをとった落花生《らっかせい》の豆を、うす皮《かわ》がついたままで炒《い》る。

▶火の通りかげんを確認《かくにん》しながら炒《い》っていく。

2 うす皮《かわ》をむく

機械《きかい》を使《つか》って、炒《い》った豆のうす皮《かわ》をむく。

▶一度《いちど》ではきれいにむけないので、数回くりかえす。

3 すりつぶす

豆を機械《きかい》に入れてすりつぶす。ペースト状《じょう》になったものに、砂糖《さとう》や塩《しお》をくわえて味《あじ》をととのえる。

落花生《らっかせい》の油分《ゆぶん》がしぼられ、なにもくわえなくてもねばりけが出る。

いろいろな豆の
加工食品《かこうしょくひん》

炒《い》り豆《まめ》

炒《い》り豆《まめ》は、豆を加熱《かねつ》して水分をとばしたものです。
こうばしく、豆そのものを味《あじ》わうことができます。

手軽《てがる》に食べられて長もちする

水分をくわえずに高温《こうおん》で加熱《かねつ》して、もともと材《ざい》料《りょう》にふくまれていた水分を少なくする（とばす）調理法《ちょうりほう》を「炒《い》る」といいます。豆を炒《い》ると、かりっとした歯《は》ごたえになり、こうばしさが増《ま》すので、手軽《てがる》においしく食べられる加工食品《かこうしょくひん》として、古くから親しまれてきました。

また、炒《い》り豆《まめ》は水分が少ないのでくさりにくく、長期間保存《ちょうきかんほぞん》することができます。保存食《ほぞんしょく》として、あるいは旅行《りょこう》のおやつやお酒《さけ》のおつまみとして、広く食べられています。

落花生《らっかせい》

さや（から）つき、さやなしの皮《かわ》つき、皮《かわ》をむいたものなど、さまざまな炒《い》り豆《まめ》がある。

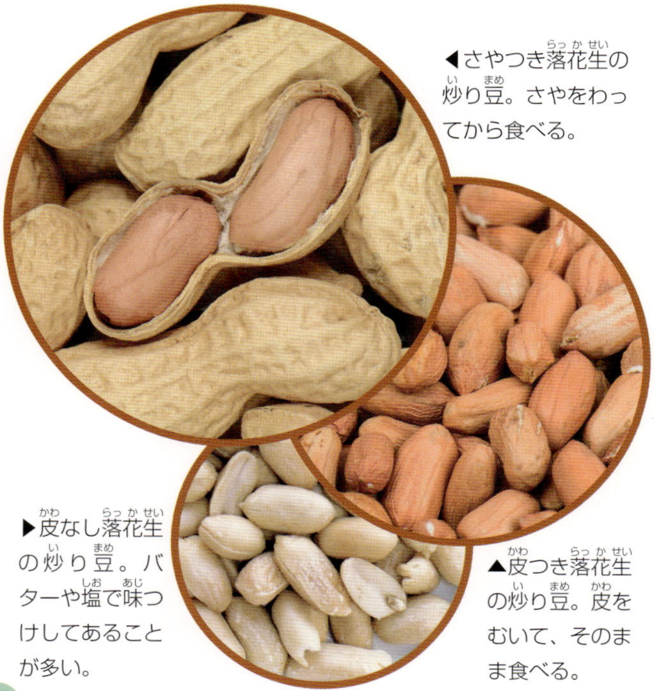

◀さやつき落花生《らっかせい》の炒《い》り豆《まめ》。さやをわってから食べる。

▶皮《かわ》なし落花生《らっかせい》の炒《い》り豆《まめ》。バターや塩《しお》で味《あじ》つけしてあることが多い。

▲皮《かわ》つき落花生《らっかせい》の炒《い》り豆《まめ》。皮《かわ》をむいて、そのまま食べる。

炒《い》り豆《まめ》の種類《しゅるい》

さまざまな豆を使《つか》った炒《い》り豆《まめ》があります。炒《い》っただけのものや、炒《い》ったあとに味《あじ》をつけたものがあります。

大豆《だいず》

豆を炒《い》っただけのものが多い。そのまま食べたり、炊《た》きこみごはんの具《ぐ》にも使《つか》ったりする。

◀黄大豆《きだいず》の炒《い》り豆《まめ》。節分《せつぶん》の豆まきに使《つか》われる。

▶黒大豆《くろだいず》の炒《い》り豆《まめ》。

そら豆

豆を炒《い》っただけのものと、塩味《しおあじ》をつけたものがある。

▶そら豆の炒《い》り豆《まめ》。「はじき豆」ともよばれる。かたい食感《しょっかん》が特徴《とくちょう》。

落花生《らっかせい》の炒《い》り豆《まめ》ができるまで

落花生《らっかせい》の炒《い》り豆《まめ》は、おやつやおつまみとして人気があります。
ここでは、さやつきとさやなしの炒《い》り豆《まめ》のつくり方《かた》のちがいをくらべてみましょう。

さやつきの炒《い》り豆《まめ》

さやつきの落花生《らっかせい》を炒《い》って、乾燥《かんそう》させます。

1 豆をさやごと炒《い》る

さやがついたままの落花生《らっかせい》を機械《きかい》に入れて、1時間ほどかけてじっくりと炒《い》る。

▲さやつきの落花生《らっかせい》を炒《い》るための機械《きかい》。

▶時間をかけて炒《い》ることで、さやの中の豆にも火が通る。

炒《い》る機械《きかい》のしくみ

筒《つつ》の形をしたあみ（ドラム）を回転《かいてん》させることで、中の豆をまんべんなく加熱《かねつ》する。

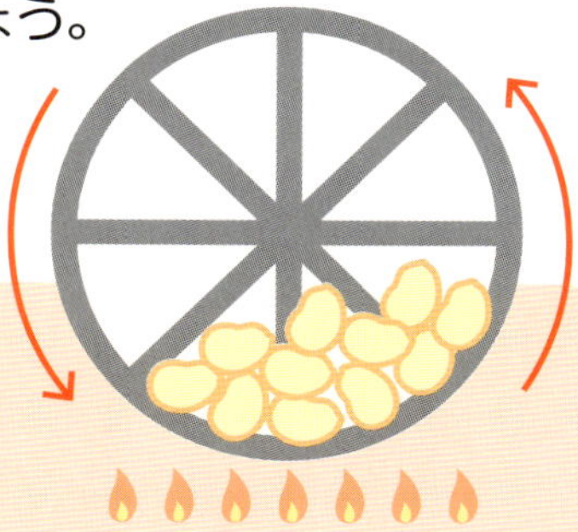

2 乾燥《かんそう》させる

炒《い》った落花生《らっかせい》を、あみの上に平《たい》らに広げて乾燥《かんそう》させる。さらに、乾燥《かんそう》した豆に風を当て、中身《なかみ》が入っていないさやをふきとばしてとりのぞく。

▲平《たい》らに広げて、さやごと乾燥《かんそう》させる。

さやなしの炒《い》り豆《まめ》

あらかじめさやからとりだしておいた豆を炒《い》ります。

1 豆を炒《い》る

さやをむいてうす皮《かわ》だけの状態《じょうたい》になった落花生《らっかせい》を、きれいに洗《あら》って低温《ていおん》で保管《ほかん》する。豆を塩水《しおみず》にくぐらせてから、機械《きかい》で炒《い》る。炒《い》る前に塩水《しおみず》にくぐらせることで、仕上《しあ》がった炒《い》り豆《まめ》にほのかな塩味《しおあじ》がつく。

◀機械《きかい》に入れられる落花生《らっかせい》。中では、豆が平《たい》らに広げられ、上下から高温《こうおん》で30分ほど加熱《かねつ》される。

2 乾燥《かんそう》させる

炒《い》った豆をすばやくあみの上に広げ、乾燥《かんそう》させる。

いろいろな豆の
加工食品《かこうしょくひん》

豆菓子《まめがし》

豆を材料《ざいりょう》に使《つか》ったお菓子《かし》を、豆菓子《まめがし》といいます。豆の形をいかした伝統的《でんとうてき》な豆菓《まめが》子《し》のほかに、豆を加工《かこう》して材料《ざいりょう》に使《つか》う新しいお菓子《かし》もあります。

豆のお菓子《かし》は今も昔《むかし》も人気

日本では、古くからさまざまな豆を使《つか》ったお菓子《かし》がつくられています。伝統的《でんとうてき》な豆菓子《まめがし》には豆の形をいかしたものが多く、豆をあまく煮《に》こんだもの、衣《ころも》をつけて油《あぶら》で揚《あ》げたものなど、いろいろな味《あじ》や食感《しょっかん》のものがあります。

豆もち・豆おかき

もちに豆をつきこんだものが豆もち（左）。豆もちを火であぶると、豆おかき（右）になる。

おのろけ豆

炒《い》った落花生《らっかせい》にもち米《ごめ》の粉《こな》や小麦粉《こむぎこ》の衣《ころも》をつけ、炒《い》ってからあまからく味《あじ》をつけたもの。

豆菓子《まめがし》の種類《しゅるい》

豆を煮《に》たり、炒《い》ったり、揚《あ》げたりと、さまざまな調理法《ちょうりほう》で豆菓子《まめがし》がつくられます。

あまなっとう

煮《に》た豆にあまいみつをしみこませ、砂糖《さとう》をまぶしたもの。あずき、いんげん豆、えんどう、そら豆など、いろいろな豆でつくられる。

五色豆《ごしきまめ》

えんどうを炒《い》って、砂糖《さとう》を煮《に》つめたみつをかけ、青のりやニッキなどをくわえて五色に仕上《しあ》げたもの。京都府《きょうとふ》の伝統的《でんとうてき》な豆菓子《まめがし》。

豆を材料《ざいりょう》にした新しいお菓子《かし》

昔《むかし》から食べられている豆菓子《まめがし》の多くは、豆の形を残《のこ》すように加工《かこう》されています。現代《げんだい》の豆菓子《まめがし》は、豆をくだいたり、ひいて粉《こな》にしたりして、加工《かこう》してからお菓子《かし》の材料《ざいりょう》にすることが多くなっています。

▼大豆《だいず》の粉《こな》を使《つか》ったシリアルバー。大豆《だいず》にふくまれるタンパク質《しつ》などの栄養《えいよう》が多く入っている。

▲えんどうの粉《こな》を使《つか》ったスナック菓子《がし》。

あまなっとうができるまで

あまなっとうは、さまざまな豆を使《つか》ってつくられます。
ここでは、あずきのあまなっとうのつくり方《かた》を紹介《しょうかい》します。

1 豆を水にひたす

豆を水にひたしてやわらかくする。ひたす時間は、季節《きせつ》や気温《きおん》によって調整《ちょうせい》する。

▶あまなっとうの原料《げんりょう》のひとつ、あずき。

水の温度《おんど》を調節《ちょうせつ》できる容器《ようき》に豆をひたす。

2 豆を煮《に》る

豆をじっくり煮《に》る。できあがったあまなっとうがかたくなりすぎないように、やわらかく仕上《しあ》げる。

大きななべで、豆を煮《に》こむ。

3 豆にみつをしみこませる

豆の種類《しゅるい》や大きさにあわせて、2～4日間かけて、みつにつけこむ。

みつがまんべんなくしみこむように、棒《ぼう》を使《つか》ってかきまわす。

みつをこくしていく

ゆでた豆をいきなりみつにつけても、なかなか豆の中までしみこみません。そのため、最初《さいしょ》は水分を多めにしたうすめのみつにつけ、少しずつこいみつにきりかえ、味《あじ》がしっかりとしみこむようにします。

4 砂糖《さとう》をまぶして、かわかす

みつから豆をとりだし、さとうをまぶして、乾燥《かんそう》させる。

▶豆を容器《ようき》の上にあけて、広げる。

▲時間をかけて、あまなっとうを乾燥《かんそう》させる。

▲できあがったあまなっとう。

いろいろな豆の
加工食品《かこうしょくひん》

煮豆《にまめ》

煮豆《にまめ》は、豆を煮《に》こんでやわらかくして、味《あじ》をつけたものです。
さまざまな種類《しゅるい》の豆が、煮豆《にまめ》に加工《かこう》されて食べられています。

いろいろな料理《りょうり》にかつやく！

煮豆《にまめ》は、豆のうまみを味《あじ》わい、タンパク質《しつ》やビタミンなどの栄養《えいよう》もとれる代表的《だいひょうてき》な豆料理《まめりょうり》として、多くの家庭《かてい》でつくられています。しかし、かたい豆を煮《に》てやわらかくするのは時間がかかるため、お店や工場などで調理《ちょうり》して缶《かん》づめや真空《しんくう》パックに加工《かこう》されたものが、たくさん売られています。

また、味《あじ》をつけずに豆を煮《に》た水煮《みずに》も、煮《に》てやわらかくする手間がはぶけるので、料理《りょうり》の材料《ざいりょう》としてよく使《つか》われています。

▲味《あじ》をつけずに煮《に》こんだ、大豆《だいず》の水煮《みずに》の缶《かん》づめ。そのまま料理《りょうり》に使《つか》われる。

▲大豆《だいず》を使《つか》った五目豆《ごもくまめ》。豆にさまざまな食材《しょくざい》をくわえた煮豆《にまめ》も、よく食べられている。

煮豆《にまめ》の種類《しゅるい》

とても多くの種類《しゅるい》の豆が、煮豆《にまめ》として食べられています。

金時豆《きんときまめ》

いんげん豆のなかまの金《きん》時豆《ときまめ》の煮豆《にまめ》。豆の形がきれいに残《のこ》り、味《あじ》もよい。

うぐいす豆

青えんどうをあまく煮《に》たもの。きれいなうぐいす色が特徴《とくちょう》。

白花豆《しろはなまめ》

べにばないんげんのなかまの白花豆《しろはなまめ》をあまく煮《に》たもの。

おたふく豆

皮《かわ》つきのそら豆をあまく煮《に》たもの。黒砂《くろざ》糖《とう》などを使《つか》って、豆の色を黒く仕上《しあ》げる。

つくってみよう!

煮豆《にまめ》

おせち料理《りょうり》にかかすことのできない、黒豆《くろまめ》。
黒大豆《くろだいず》を用意《ようい》すれば、家庭《かてい》でもつくることができます。

黒豆《くろまめ》

黒豆《くろまめ》は黒大豆《くろだいず》の煮豆《にまめ》です。1年間まめに（健康《けんこう》に）すごせますようにという願《ねが》いをこめて、おせち料理《りょうり》に入れられます。

材《ざい》料《りょう》

・黒大豆《くろだいず》…200g　・水…5カップ　・砂糖《さとう》…160g
・しょうゆ…小さじ2　・じゅうそう…小さじ1

1 黒大豆《くろだいず》を洗《あら》う

黒大豆《くろだいず》を水できれいに洗《あら》う。

豆と豆をこすり
あわせるように
洗《あら》おう!

2 つけ汁《じる》をつくる

なべに水5カップを入れてふっとうさせ、砂《さ》糖《とう》を入れてとかす。全《ぜん》部《ぶ》とけたら火を止めて、しょうゆとじゅうそうを入れてまぜる。

3 黒大豆《くろだいず》を入れる

つけ汁《じる》に黒大豆《くろだいず》を入れて、ひと晩《ばん》（8～10時間）つけておく。

8～10時間後
▲ひと晩《ばん》つけておくと、ふくらんでやわらかくなる。

4 黒大豆《くろだいず》を煮《に》る

黒大豆《くろだいず》をつけ汁《じる》ごと中火で煮《に》る。ふっとうしたら弱火にして、落《お》としぶたをして、4～5時間ほど煮《に》る。ときどき確認《かくにん》して、あくをとったり、水をくわえたりする（豆がひたるくらい）。豆がやわらかくなったら火を止め、ひと晩《ばん》おいて味《あじ》をしみこませる。

世界《せかい》の豆を見てみよう

世界《せかい》には、わたしたちがふだん食べている豆と、見た目や味《あじ》、食べ方《かた》がちがう豆がたくさんあります。

日本に入ってきている世界《せかい》の豆

日本では、大豆《だいず》やあずき、いんげん豆など、おもに8種類《しゅるい》の豆が食べられています。世界《せかい》の国ぐにでもこれらの豆は食べられていますが、ひよこ豆やレンズ豆、四角豆《しかくまめ》など、日本ではあまり見かけない豆もたくさん食べられています。これらの豆は、輸入《ゆにゅう》されて日本に入ってきていて、近ごろは日本でも栽培《さいばい》されるようになっています。

世界《せかい》で食べられている豆

ひよこ豆

豆の一部分《いちぶぶん》がつきだしていて、ひよこのくちばしのように見えるので、この名前がついた。外国では「ガルバンゾー」とよばれている。西アジアから、世界中《せかいじゅう》に広まった。煮《に》こみ料《りょう》理《り》やスープなどに使《つか》われる。

レンズ豆

平《ひら》たい円ばんのような形の豆。メガネや望遠鏡《ぼうえんきょう》に使《つか》われているレンズは、この豆に似《に》ていることから名前がついた。日本では「ひら豆」ともよばれる。西アジアから世《せ》界中《かいじゅう》に広まった。煮こみ料理《りょうり》やスープなどに使《つか》われる。

木豆《きまめ》

成長《せいちょう》すると高さ1〜3mの樹木《じゅもく》になるマメのなかまで、木に豆ができるので、この名前がついた。豆の消費量《しょうひりょう》が多いインドで、とくに多く食べられている。カレーやスープなどに使《つか》われる。

なた豆

さやの形が刃《は》もののなたのような形をしているので、この名前がついた。おもにアジアの暑《あつ》い気候《きこう》の地域《ちいき》で栽培《さいばい》されていて、日本にも江戸時代《えどじだい》のはじめごろに伝《つた》わってきた。熟《じゅく》す前の若《わか》ざやをうす切りにしたものが、福神《ふくじん》漬《づけ》に加工《かこう》されている。

ライ豆（リマ豆）

そら豆のような形をした豆。熟《じゅく》す前の豆も食べられていて、そら豆のようなにおいと味《あじ》がする。日本では「あおい豆」ともよばれる。中央《ちゅうおう》アメリカと南アメリカが原産地《げんさんち》で、南北アメリカ大陸《たいりく》やヨーロッパで食べられている。

四角豆《しかくまめ》

ひだのついたさやの断面《だんめん》が四角形なので、この名前がついた。アジアの暑《あつ》い気候《きこう》の地域《ちいき》で栽培《さいばい》されていて、おもに熟《じゅく》す前のさやが食べられている。日本では、沖縄県《おきなわけん》で多く栽培《さいばい》されている。

パカイ

南アメリカの一部《いちぶ》の地域《ちいき》で栽培《さいばい》されているマメのなかま。さやの中には豆をつつむわたのような果肉《かにく》がつまっている。果《か》肉《にく》を食べるとあまくてつめたいので、「アイスクリームビーン」ともよばれる。

タマリンド

アフリカ、インド、東南アジアなどの暑《あつ》い気候《きこう》の地域《ちいき》で栽培《さいばい》されているマメのなかま。パカイのように果肉《かにく》を食べる。果肉《かにく》の酸味《さんみ》が強いものは料理《りょうり》の味《あじ》つけや加工食品《かこうしょくひん》の材料《ざいりょう》に使《つか》う。果肉《かにく》があまいものは「スイートタマリンド」とよばれ、生で食べる。

世界《せかい》には豆料理《りょうり》がたくさん

世界《せかい》では、さまざまな豆を使《つか》った料理《りょうり》が食べられています。どのような豆料理《りょうり》があるか、見てみましょう。

イギリス

ベイクドビーンズ

白いんげんをトマトソースで煮《に》こんだ、イギリスの家庭料理《かていりょうり》。パンにのせたり、卵料理《たまごりょうり》やソーセージにそえたりする。日本の煮豆《にまめ》のように、缶《かん》づめにされたものもある。

白いんげん

フランス

プティ・ポワ・フランセ

グリーンピースとベーコン、玉ねぎを煮《に》こんだ、フランスの郷土料理《きょうどりょうり》。フランスはえんどうの生産量《せいさんりょう》が多く、春になるとお店にならぶやわらかいグリーンピースを使《つか》って、さまざまな料理《りょうり》がつくられる。

グリーンピース（えんどう）

エジプト

コシャリ

ごはんやパスタにゆでたレンズ豆をまぜあわせ、トマトソースをかけたもの。エジプトでは、屋台《やたい》などで食べることができる。

レンズ豆

イスラエル

ファラフェル

中東《ちゅうとう》の国ぐにで食べられているコロッケのような料理《りょうり》。豆にスパイスなどをくわえ、だんごの形にして揚《あ》げたもの。イスラエルではひよこ豆を使《つか》うが、エジプトではそら豆を使《つか》う。

ひよこ豆

アメリカ

チリコンカン

アメリカで広く食べられているメキシコ風の料理《りょうり》。日本の金時豆《きんときまめ》に近い種類《しゅるい》のレッドキドニーという豆を使《つか》い、ひき肉やトマトなどといっしょに煮《に》こんだもの。とうがらしでからく仕上《しあ》げる。

レッドキドニー

メキシコ

プエルコ

うずら豆を豚肉《ぶたにく》といっしょに煮《に》こんだメキシコ料理《りょうり》。メキシコはいんげん豆の消費《しょうひ》がひじょうに多く、さまざまな種類《しゅるい》のいんげん豆が、煮《に》こみ料理《りょうり》やスープで食べられている。

うずら豆

フリホーレス・レフリートス

レッドキドニーなどのいんげん豆でつくるペースト。トルティーヤ（とうもろこしの粉《こな》でつくった生地《きじ》)などにつけて食べる。

レッドキドニー

インド

トゥール・ダルカレー

木豆《きまめ》のダル（豆の皮《かわ》をむいてわったもの）を使《つか》ったカレー。インドは豆の消費《しょうひ》がとくに多い国で、木豆《きまめ》のほかにひよこ豆やレンズ豆のダルカレーもよく食べられている。

木豆《きまめ》

ブラジル

フェジョアーダ

フェジョンプレットという黒いいんげん豆を使《つか》ったブラジルの代表的《だいひょうてき》な料理《りょうり》。豆を豚《ぶた》や牛の干《ほ》し肉、ソーセージなどといっしょにじっくりと煮《に》こみ、ニンニクと塩《しお》で味《あじ》をつける。

フェジョンプレット

もっと調《しら》べてみよう

本を読んで豆についてもっと深《ふか》く知りたくなったら、豆についての展示《てんじ》がある施設《しせつ》に行ったり、インターネットを使《つか》って情報《じょうほう》を集《あつ》めたりしてみましょう。ここでは、豆の加工食品《かこうしょくひん》について学べる施設《しせつ》とインターネット上のウェブサイトを紹介《しょうかい》します。

※施設《しせつ》やウェブサイトの情報《じょうほう》は、2013年《ねん》2月現在《がつげんざい》のものです。情報《じょうほう》は変更《へんこう》になる可能性《かのうせい》がありますので、施設《しせつ》をおとずれる前《まえ》には、それぞれの施設《しせつ》に問《と》い合《あ》わせてください。

豆の加工食品《かこうしょくひん》づくりについて見学・体験《たいけん》できる施設《しせつ》

● タカノフーズ水戸《みと》工場

なっとう工場で、大豆《だいず》からなっとうがつくられるまでの流《なが》れを見学することができます。工場内には「納豆博物館《なっとうはくぶつかん》」があり、なっとうの歴史《れきし》や世界《せかい》のなっとう、手づくりなっとうのつくり方《かた》について学ぶことができます。見学には予約《よやく》が必要《ひつよう》です。

住所《じゅうしょ》	茨城県小美玉市野田《いばらきけんおみたましのだ》1542
電話番号《でんわばんごう》	0120-58-7010(フリーダイヤル)
休館日《きゅうかんび》	年末年始《ねんまつねんし》
URL	http://www.takanofoods.co.jp/fun/factory/

※**予約について**　事前に電話で予約する(受付時間:午前9時〜午後4時)。

▲◀広大ななっとう工場（上）と、工場内の納豆博物館《なっとうはくぶつかん》（左）。

● 大豆加工体験施設《だいずかこうたいけんしせつ》「SASAKAMI《ささかみ》」

とうふづくりの体験型施設《たいけんがたしせつ》です。とうふ工場で大豆《だいず》からとうふがつくられる工程《こうてい》を見学することができます。また、施設内《しせつない》には手づくりどうふの体験工房《たいけんこうぼう》があり、もめんどうふづくりを体験《たいけん》することもできます。見学には予約《よやく》が必要《ひつよう》です。

住所《じゅうしょ》	新潟県阿賀野市村杉《にいがたけんあがのしむらすぎ》3946-156
電話番号《でんわばんごう》	0250-61-3102
休館日《きゅうかんび》	年末年始《ねんまつねんし》、木、金曜日
URL	http://www.ja-sasakami.or.jp/info/facilities03.html

※**予約について**　電話で1週間前までに予約する。
個人の場合は第2・第4日曜日、団体(10名以上)の場合は木曜以日以外に見学できる。

▲大豆《だいず》の栽培《さいばい》がさかんな新潟県《にいがたけん》で、とうふづくりを体験《たいけん》するためにつくられた施設《しせつ》。

● 八丁味噌《はっちょうみそ》の郷史料館《さとしりょうかん》

昔《むかし》ながらのみそづくりを紹介《しょうかい》する史料館《しりょうかん》です。愛知県《あいちけん》の伝統的《でんとうてき》なみそ「八丁《はっちょう》みそ」をつくるようすを、人形を用いて展示《てんじ》しています。みそのしこみ蔵《ぐら》を再利用《さいりよう》した資料館《しりょうかん》の建物《たてもの》は、国の登録文化財《とうろくぶんかざい》に登録《とうろく》されています。また、大きな杉《すぎ》のみそおけが並《なら》ぶ熟成蔵《じゅくせいぐら》も見学できます。

住所《じゅうしょ》 愛知県岡崎市八帖町字往還通《あいちけんおかざきしはっちょうちょうあざおうかんどおり》69
電話番号《でんわばんごう》 0564-21-1355
開館時間《かいかんじかん》 9:30～16:00
休館日《きゅうかんび》 年末年始《ねんまつねんし》
URL http://www.kakuq.jp/home/build_datahall.htm

昔《むかし》のみそづくりのようすが再現《さいげん》されている。

● もの知《し》りしょうゆ館《かん》（キッコーマン食品野田工場《しょくひんのだこうじょう》）

しょうゆ工場で、しょうゆの歴史《れきし》やつくり方《かた》などを学ぶことができます。製造工程《せいぞうこうてい》を見学し、もろみが熟成《じゅくせい》していくようすを見たり、しょうゆの色や味《あじ》、香《かお》りを体験《たいけん》したりすることもできます。

住所《じゅうしょ》 千葉県野田市野田《ちばけんのだしのだ》110 キッコーマン食品野田工場内《しょくひんのだこうじょうない》
電話番号《でんわばんごう》 04-7123-5136
開館時間《かいかんじかん》 9:00～16:00
休館日《きゅうかんび》 毎月第《だい》4月曜日、年末年始《ねんまつねんし》、ゴールデンウィークなど
URL http://www.kikkoman.co.jp/enjoys/factory/noda.html

実際《じっさい》にしょうゆをつくっている工場の中に入ることができる。

豆と加工食品《かこうしょくひん》について学べるウェブサイト

豆類協会《まめるいきょうかい》ホームページ

URL http://www.mame.or.jp/

豆の種類《しゅるい》や特徴《とくちょう》、栄養《えいよう》、栽培《さいばい》について学ぶことができます。また、豆に関《かん》する統計《とうけい》データも充実《じゅうじつ》しています。

大豆《だいず》のおはなし

URL http://www.ezaki-glico.net/daizu/

グリコのウェブサイト内の大豆《だいず》について学べるコーナー。大豆《だいず》の歴史《れきし》、栄養《えいよう》、文化《ぶんか》とのかかわり、大豆《だいず》の加工食品《かこうしょくひん》などについて、紹介《しょうかい》しています。

しょうゆWORLD（しょうゆワールド）

URL http://www.kikkoman.co.jp/soyworld/

しょうゆをつくっているキッコーマンのウェブサイト。しょうゆの知識《ちしき》、日本と世界《せかい》のしょうゆなどについて、学ぶことができます。

MISO ONLINE（みそ・オンライン）

URL http://miso.or.jp/

みそ健康《けんこう》づくり委員会《いいんかい》が運営《うんえい》するウェブサイト。みその知識《ちしき》、全国各地《ぜんこくかくち》のみその種類《しゅるい》などについて、学ぶことができます。

なっとう こども研究室《けんきゅうしつ》

URL http://www.takanofoods.co.jp/fun/study/

なっとうをつくっているタカノフーズのウェブサイト。なっとうの栄養《えいよう》、なっとうの製造工程《せいぞうこうてい》などについて、学ぶことができます。

おまめマルシェ

URL http://www.fujicco.co.jp/omamemarche/

煮豆《にまめ》をつくっているフジッコのウェブサイト。豆の栄養《えいよう》と栽培《さいばい》、煮豆《にまめ》の製造工程《せいぞうこうてい》などについて、学ぶことができます。豆料理《りょうり》のレシピも紹介《しょうかい》しています。

さくいん

●本文の中に出てくる項目《こうもく》の中から、とくに重要《じゅうよう》と思われる言葉《ことば》を、五十音順《ごじゅうおんじゅん》に並《なら》べています。
●数字は、その項目《こうもく》が出てくるページ数を示《しめ》しています。

さ

た

な

は

ま

や

ら

わ

写真提供・協力者一覧 （各章五十音順）

表紙・総扉・もくじ

公益財団法人 日本豆類協会、JA熊本市、有限会社 北伊醤油

前・後見返し

タキイ種苗株式会社、有機菜園 藤田家族、梅干し屋 坂本くにゆき

1章　豆ってなんだろう？ p.7～p.24

小松茂、廣瀬康子、株式会社ルシエル、株式会社KISグループ社、All About スタイルストア、CIBONE、九州・山口油脂事業協同組合、印刷通販JBF、秩父市役所、御菓子所 花ごろも、公益財団法人 日本豆類協会

2章　大豆 p.25～p.86

JA熊本うき、DHC、山梨県立考古博物館、銚子三十、丸新本家、大塚製薬株式会社、京都寺町雑貨屋パラルシルセ、川西町商工会、JA信州うえだ、石井農園、野村(Giraudジロー)ノリフミ、NPO法人霧島食育研究会、松元機工株式会社、伊藤由紀子、JA熊本市、(株)フラワーコーポレーション、マルカワ味噌、尾崎満範(デザインスタジオ・オザキ)、豊国屋、近畿中国四国農業研究センター・菊地淳、武内聡明、田舎想菜 樂や、青池学園福井校、葛城広域行政事務組合、キッコーマン株式会社、韮澤食品工業株式会社、ゆば甚 有限会社 松田甚兵衛商店、上野豆腐店(白山市白峰)、(財)沖縄観光コンベンションビューロー、(有)藤倉食品、母袋工房、一般社団法人 椎葉村観光協会、鳥取県未来づくり推進局未来戦略課、NPO法人フウドわかやま、株式会社小谷穀粉、さとの雪食品株式会社、豆腐工房 豆匠、西尾かねぶん、株式会社ミツカングループ本社、みやげ屋風月堂、だるま食品株式会社、みそ健康づくり委員会、山本味噌醸造場、(株)今野商店、醤油PR協議会、有限会社 北伊醤油、エベレストキッチン、韓国観光公社、岡本麻里、フィリピン観光省、日清オイリオグループ株式会社、株式会社向井珍味堂

3章　いろいろな豆 p.87～p.151

入舩めぐみ、公益財団法人 日本豆類協会、試行錯誤の家庭菜園、津久井島村農園、毎日日曜大工、くまっこ農園・吉田宏美、北海道鈴木農場、真狩村役場総務企画課、韓国観光公社、Niki's Kitchen、有限会社日本クラシア・フードサプライ、株式会社松原製餡所、浪速製餡株式会社、中村和史、宗家源 吉兆庵、こころ菓子 ほそや、くり屋南陽軒、江戸昔菓子 浅草 梅源、ガルボの着物艶女(アデージョ)流、藤原食品株式会社、(有)べにやビス、妹尾勝彦、原りんご園、依藤亜弓、富圭愛、ムソー株式会社、株式会社雪華堂、北海道立総合研究機構 十勝農業試験場、こだわり!週末家庭菜園、大浦倫孝、株式会社エプロン、(有)サン・スマイル、小暮幸男、株式会社すずや穀物、さすらいマン、千葉県農林総合研究センター 暖地園芸研究所・香川晴彦、菊池美香、志村雅文、一般社団法人日本植物防疫協会、野菜ナビ、単身建設エンジニア、梅干し屋 坂本くにゆき、松江の花図鑑、丸新本家、キッコーマン株式会社、株式会社高橋商店、秋田県山本地域振興局、秦野市観光協会、中村雄児、鹿児島市健康総務課、千葉県農林総合研究センター、株式会社伊藤国平商店、山口芳之、株式会社鈴商、千葉県庁生産販売振興課、(有)谷中商店、株式会社雪華堂、株式会社東ハト、いなば食品株式会社、松尾祥子(ONE+)、矢野秀敏(ウィングヤノフォトスタジオ)、東大樹、ハウス食品、メキシコ料理ドットコム、渡邊玲(サザンスパイス)

もっと調べてみよう p.152～p.153

合資会社八丁味噌、キッコーマン株式会社、タカノフーズ株式会社、株式会社ささかみ、公益財団法人 日本豆類協会、みそ健康づくり委員会、フジッコ株式会社

その他写真協力

photolibrary、PIXTA

Fotolia.com
Africa Studio(13)、chihana(27、48、101、133、146)、cityanimal(142)、demachy(11、148、150)、Dusan Kostic(37)、eyeblink(表紙、前見返し、27、28、44、115、128、129、133、134、後見返し)、Fons Laure(151)、fotomatrix(84)、fuchi(15、53、64)、hagehige(9)、jedi-master(27、134)、jpbadger(130、後見返し)、jun.SU(16、52)、Kasia Bialasiewicz(150)、kazoka303030(56)、ksena32(8)、kuppa(135)、Linas Lebeliunas(16)、Markus Mainka(11、142)、moonrise(15、16、36、44、53、64、72)、nancy10(137)、nobasuke(131)、nwdo(130)、pashabo(149)、Paylessimages(9、14、15、16、53、65)、Picture Partners(82)、Popova Olga(149)、promolink(15、33、52、53、64、93、100、101)、Reika(13、131)、sai(28)、sarajyu(131)、Saruri(130)、siera(表紙、14、53、129、130)、sima(22)、takashi0117(表紙)、takasu(139)、terumin(28、104)、uckyo(11、14、53、84、148、150、151)、Vasilius(9)、womue(表紙)、yellowrail(8)、yodaa(14、52)、岬太一(34、150)、安ちゃん(52)
※(　)内は掲載ページ

もっと知りたい！図鑑

お豆なんでも図鑑

監修：石谷孝佑（いしたに　たかすけ）

1943年鳥取県生まれ。東京農工大学農学部農芸化学科卒。農林省食糧研究所入所（現・（独）農研機構・食品総合研究所）、農林水産省農業研究センタープロジェクト第４チーム長、「スーパーライス計画」推進リーダー、農業研究センター作物生理品質部長、東北農業試験場企画連絡室長、国際農林水産業研究センター企画調整部長などを経て、現在、（社）日本食品包装協会理事長。おもな編著書に「米の科学」（朝倉書店）、「米の事典」（幸書房）、ポプラディア情報館「米」、ポプラディア情報館「日本の農業」、「食べものはかせになろう！」シリーズ（以上、ポプラ社）など多数。

編集・制作：株式会社　童夢
装丁・本文デザイン：石野春加、大場由紀、天野広和（（有）ダイアートプランニング）
編集協力：山内ススム、酒井かおる
撮影：上林徳寛
イラスト：永井吾鶴美、カガワカオリ、岩本孝彦
校正協力：小石史子

取材協力：だるま食品株式会社、韮澤食品工業株式会社
有限会社北伊醤油
撮影協力：農業・食品産業技術総合研究機構 作物研究所、
株式会社すずや穀物、有限会社松葉屋商店

2013年4月　第1刷発行©

発行者　坂井宏先
編集　山口竜也
発行所　株式会社ポプラ社　〒160-8565　東京都新宿区大京町22-1
電話　03-3357-2212（営業）　03-3357-2216（編集）　0120-666-553（お客様相談室）
FAX　03-3359-2359（ご注文）
振替　00140-3-149271
ホームページ　http://www.poplar.co.jp（ポプラ社）
印刷・製本　共同印刷株式会社
ISBN 978-4-591-13249-4　N.D.C.616/159P/27cm×22cm　Printed in Japan

落丁・乱丁本は、送料小社負担でお取替えいたします。ご面倒でも小社お客様相談室宛にご連絡ください。
受付時間は月～金曜日、9:00～17:00（ただし祝祭日は除く）
読者の皆さまからのお便りをお待ちしております。いただいたお便りは編集局から執筆・制作者へお渡しします。
本書のコピー、スキャン、デジタル化等の無断複製は著作権法上での例外を除き禁じられています。本書を代行業者等の第三者に依頼してスキャンやデジタル化することは、たとえ個人や家庭内での利用であっても著作権法上認められておりません。

お豆いろいろ 実《じつ》物《ぶつ》大《だい》図《ず》鑑《かん》

いんげん豆

(→P.110)

種類《しゅるい》によって色や形はさまざまで、もようの入った豆もある。熟《じゅく》した豆を食べる。種類《しゅるい》によっては、熟《じゅく》す前のさやを食べる。

左のいんげんは、熟《じゅく》してから豆を食べるよ。真《ま》ん中《なか》と右は、熟《じゅく》す前のさやを食べる「さやいんげん」だよ。

いんげん豆の熟《じゅく》した豆

熟《じゅく》した豆は煮豆《にまめ》や、和菓子《わがし》に使《つか》われるよ。

いんげん豆のさや

べにばないんげん

(→P.111)

いんげん豆に近い種類《しゅるい》の豆で、つぶが大きい。熟《じゅく》した豆を食べる。

べにばないんげんの熟《じゅく》した豆

煮豆《にまめ》に使《つか》われることが多いよ。

豆が大きいから、さやも大きめだよ。

べにばないんげんのさや

※豆は、熟すときに水分がぬけてちぢむため、熟す前の豆より小さくなります。写真のさやは、すべて熟す前の若ざやです。